建筑工人（安装）技能培训教程

安装钳工

本书编委会　编

中国建筑工业出版社

图书在版编目（CIP）数据

安装钳工/《安装钳工》编委会编. —北京：中国建筑工业出版社，2017.9
建筑工人（安装）技能培训教程
ISBN 978-7-112-21117-3

Ⅰ.①安…　Ⅱ.①安…　Ⅲ.①安装钳工-技术培训-教材　Ⅳ.①TG946

中国版本图书馆CIP数据核字（2017）第205504号

本书包括：常用量具、测量仪器的使用，岗位操作技能，典型零部件装配，典型设备安装等内容。

本书依据《建筑工程安装职业技能标准》JGJ/T 306—2016及相关现行国家标准、行业规范的规定，体现新材料、新设备、新工艺和新技术的推广需求，突出了实用性，重在使读者快速掌握应知、应会的施工技术和技能，可施工现场查阅；也可作为各级职业鉴定培训、工程建设施工企业技术培训、下岗职工再就业和农民工岗位培训的理想教材，亦可作为技工学校、职业高中、各种短训班的专业读本。

本书可供安装钳工现场查阅或上岗培训使用，也可作为现场编制施工组织设计和施工技术交底的蓝本，为工程设计及生产技术管理人员提供帮助，也可以作为大专院校相关专业师生的参考读物。

责任编辑：张　磊
责任校对：李美娜

建筑工人（安装）技能培训教程
安 装 钳 工
本书编委会　编

*

中国建筑工业出版社出版、发行（北京海淀三里河路9号）
各地新华书店、建筑书店经销
霸州市顺浩图文科技发展有限公司制版
北京建筑工业印刷厂印刷

*

开本：850×1168毫米　1/32　印张：8½　字数：228千字
2018年3月第一版　2018年3月第一次印刷
定价：**22.00**元
ISBN 978-7-112-21117-3
（30741）

本书编委会

主编：姜学成　王景文

编委：齐兆武　于忠伟　王　彬　王继红　王立春
　　　王景怀　周丽丽　祝海龙　张会宾　祝教纯

前　　言

随着社会的发展、科技的进步、人员构成的变化、产业结构的调整以及社会分工的细化，工程建设新技术、新工艺、新材料、新设备，不断应用于实际工程中，我国先后对建筑材料、建筑结构设计、建筑施工技术、建筑施工质量验收等标准进行了全面的修订，并陆续颁布实施。

在改革开放的新阶段，国家倡导"城镇化"的进程方兴未艾，大批的新生力量不断加入工程建设领域。目前，我国建筑业从业人员多达 4100 万，其中有素质、有技能的操作人员比例很低，为了全面提高技术工人的职业能力，完善自身知识结构，熟练掌握新技能，适应新形势、解决新问题，2016 年 10 月 1 日实施的行业标准《建筑工程安装职业技能标准》JGJ/T 306—2016 对安装钳工的职业技能提出了新的目标、新的要求。

熟悉和掌握安装钳工的基本操作技能，成为从业人员上岗培训或自主学习的迫切需求。活跃在施工现场一线的技术工人，有干劲、有热情、缺知识、缺技能，其专业素质、岗位技能水平的高低，直接影响工程项目的质量、工期、成本、安全等各个环节，为了使安装钳工能在短时间内学到并掌握所需的岗位技能，我们组织编写了本书。

限于学识和实践经验，加之时间仓促，书中如有疏漏、不妥之处，恳请读者批评指正。

目　　录

1 常用量具、测量仪器的使用

1.1 常用量具的使用

1.1.1 简单量具

1. 钢直尺

用不锈钢片制成，长度一般有 150、300、500 和 1000mm 四种规格。测量时读数误差比较大，只能读出毫米数，即它的最小读数值为 1mm，比 1mm 小的数值，只能估计而得。

测量时钢尺应紧靠所测工件的边端面或表面，以求读数准确。

2. 钢卷尺

用薄皮的弹簧钢制成。使用中防止弯折，不得与电焊钳接触，以免钢尺被电弧损坏。使用后擦干净并涂上防锈油。

3. 直角尺

用于测量或检查工件内外直角的量具。使用精密角尺时，应手握角尺轻放、轻靠，防止拖拉和撞击。

4. 卡钳

卡钳是一种间接量具，使用时必须与钢尺或其他刻线量具一起使用。其具有结构简单，制造方便、价格低廉、维护和使用方便等特点，广泛应用于要求不高的零件尺寸的测量和检验，尤其是对锻铸件毛坯尺寸的测量和检验，卡钳是最合适的测量工具。

常见的两种内外卡钳，如图 1-1 所示。内外卡钳是简单的比较量具。外卡钳是用来测量外径和平面的，内卡钳是用来测量内径和凹槽的。它们本身都不能直接读出测量结果，而是把测量得到的长度尺寸（直径也属于长度尺寸），在钢直尺上进行读数，或在钢直尺上先取下所需尺寸，再去检验零件的直径是否符合。

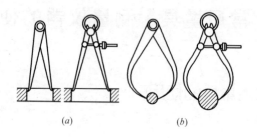

图 1-1　卡钳

（a）内卡钳；（b）外卡钳

（1）外卡钳的使用

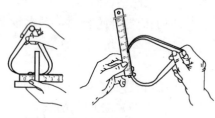

图 1-2　外卡钳在钢直尺上取尺寸

如图 1-2 所示，外卡钳在钢直尺上取下尺寸时，一个钳脚的测量面靠在钢直尺的端面上，另一个钳脚的测量面对准所需尺寸刻线的中间，且两个测量面的连线应与钢直尺平行，测量者的视线要垂直于钢直尺。

用已经在钢直尺上取好尺寸的外卡钳去测量外径时，要使两个测量面的联线垂直零件的轴线，靠外卡钳的自重滑过零件外圆，如图 1-3 所示，以卡钳的自重能刚好滑下为合适。

（2）内卡钳的使用

用内卡钳测量内径时，

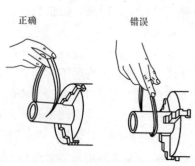

图 1-3　外卡钳测量方法

应将下面的钳脚的测量面停在孔壁上作为支点，如图 1-4(*a*) 所示，上面的钳脚由孔口内逐渐向外试探，并沿孔壁圆周方向摆动，当沿孔壁圆周方向能摆动的距离为最小时，则表示内卡钳脚的两个测量面已处于内孔直径的两端点。然后将卡钳由外至里慢慢移动，可检验孔的圆度公差，图 1-4(*b*) 所示。

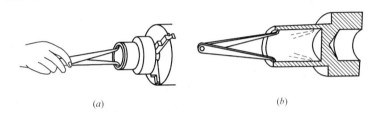

(a)　　　　　　　　　　　　　　(b)

图 1-4　内卡钳测量方法
(a) 测内径；(b) 测圆度

1.1.2　游标卡尺

游标卡尺是工业上常用的测量长度的仪器，它由尺身及能在尺身上滑动的游标组成。游标上部有一紧固螺钉，可将游标固定在尺身上的任意位置。尺身和游标都有量爪，利用内测量爪可以测量槽的宽度和管的内径，利用外测量爪可以测量零件的厚度和管的外径。深度尺与游标尺连在一起，可以测槽和筒的深度。

游标卡尺可以用来测量工件的外径、内径、长度、宽度、深度和孔距等。其结构如图 1-5 所示。

游标卡尺所能测量的精度有：0.1mm（1/10）、0.05mm（1/20）和 0.02mm（1/50）三种。它们的主尺每格均为 1mm，所不同的是当两脚合并时主尺与副尺相对应的格数不同（即它们的精度不同）。

0.1mm（1/10）的游标卡尺，主尺每小格 1mm，当两脚合并时，主尺上 9mm 刚好等于副尺上 10 格。

0.05mm（1/20）的游标卡尺，主尺每小格 1mm，当两脚合并时，主尺上 19mm 刚好等于副尺上 20 格。

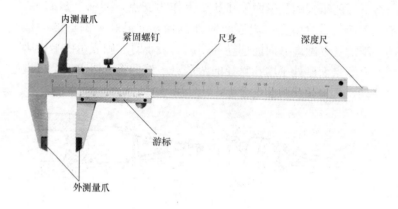

图 1-5　游标卡尺外形图

0.02mm（1/50）的游标卡尺，主尺每小格 1mm，当两脚合并时，主尺上 49mm 刚好等于副尺上 50 格。

1. 游标卡尺的读数

尺身和游标尺上面都有刻度。以准确到 0.1mm 的游标卡尺为例，尺身上的最小分度是 1mm，游标尺上有 10 个小的等分刻度，总长 9mm，每一分度为 0.9mm，比主尺上的最小分度相差 0.1mm。量爪并拢时尺身和游标的零刻度线对齐，它们的第一条刻度线相差 0.1mm，第二条刻度线相差 0.2mm，……，第 10 条刻度线相差 1mm，即游标的第 10 条刻度线恰好与主尺的 9mm 刻度线对齐，如图 1-6 所示。

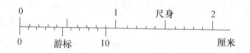

图 1-6　游标卡尺读数图

读数时首先以游标零刻度线为准在尺身上读取毫米整数，即以毫米为单位的整数部分。然后看游标上第几条刻度线与尺身的刻度线对齐，如第 6 条刻度线与尺身刻度线对齐，则小数部分即为 0.6mm 若没有正好对齐的线，则取最接近对齐的线进行读数。如有零误差，则一律用上述结果减去零误差（零误差为负，相当于加上相同大小的零误差），读数结果 L 为：

$$L = 整数部分 + 小数部分 - 零误差 \qquad (1\text{-}1)$$

判断游标上哪条刻度线与尺身刻度线对准，可用下述方法：选定相邻的三条线，如左侧的线在尺身对应线之右，右侧的线在尺身对应线之左，中间那条线便可以认为是对准了，如图 1-7 所示。

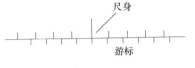

图 1-7　标卡尺数据的读取

如果需测量几次取平均值，不需每次都减去零误差，只要从最后结果减去零误差即可。

2. 游标卡尺使用

游标卡尺可用来测量工件宽度、外径、内径、工件上槽、孔、沟等深度，如图 1-8 所示。

（1）使用前，应先擦干净两卡脚测量面，合拢两卡脚，检查副尺"0"线与主尺"0"线是否对齐，若未对齐，应根据原始误差修正测量读数。

（2）使用游标卡尺时，不得先固定好尺寸后去测量工件或在测量中将定位螺钉锁紧，强力取出游标卡尺进行读数。

（3）严禁用游标卡尺测量旋转的工件或代替划线工具，更不能用游标卡尺去测量铸、锻件毛坯尺寸。

（4）测量工件时，卡脚测量面必须与工件的表面平行或垂直，不得歪斜，且用力不能过大，以免卡脚变形或磨损，影响测量精度。

（5）读数时，视线要垂直于尺面，否则测量值不准确。

（6）测量内径尺寸时，应轻轻摆动，以便找出最大值。

（7）游标卡尺用完后，仔细擦净，抹上防护油，平放在盒内，以防生锈或弯曲。

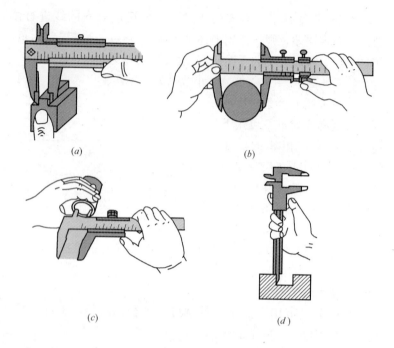

图 1-8　游标卡尺使用示意图

(a) 测量工件宽度；(b) 测量工件外径；(c) 测量工件内径；

(d) 测量工件上槽的深度

1.1.3　千分尺

千分尺也称百分尺或分厘卡，是一种测量精度比游标卡尺高的量具。按数字显示形式分为普通、表式和数显等。按使用功能可分为外径、内径、深度、螺纹、尖头、厚度、齿轮公法线千分尺等。其中外径千分尺的结构如图 1-9 所示。

1. 千分尺的读法

（1）数显式千分尺。对于数显式千分尺，可从其显示器上直接读取测量值，并可根据需要只显示公差数值或外接打印机打印测量数据。

（2）表式千分尺。对于表式千分尺，一般用表显示测量公差

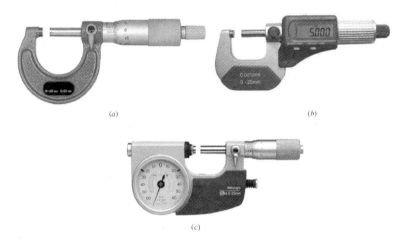

图 1-9　普通千分尺外形

(*a*) 普通千分尺；(*b*) 数显式千分尺；(*c*) 表式千分尺

数值，其读数方法根据使用的要求而定。

（3）普通千分尺。对于普通千分尺，测量结果是固定套筒上显示的以 0.5mm 为单位的大数与微分筒显示的 0.5mm 以下小数之和。

从普通千分尺上可以看出，其固定套筒上有一条纵刻线（称为小数指示线），其上下各有一排均匀的间距为 1mm 的刻线，上下两排刻线相互错开 0.5mm，即使上下相邻的两条刻线之间的纵向距离为 0.5mm。读数时，上排为整数 mm 值，下排为小数 0.5mm 值。

测微螺杆的螺距为 0.5mm，也就是说，微分筒旋转一周（360°）将在固定套筒上沿轴向移动（前进或后退）0.5mm。微分筒一周的刻度为 50 个，所以微分筒每转过 1 个格，将在固定套筒上沿轴向移动 0.5mm/50＝0.01mm，这也就是千分尺分度值为 0.01mm 的由来。微分筒的棱边被称为整数指示线。

普通千分尺的读数示例，如图 1-10 所示。

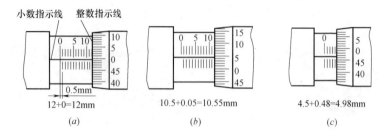

图 1-10 普通千分尺读数示例

2. 外径千分尺的使用

（1）在测量前，应首先校验转筒的零位刻度对准固定套筒的零位刻度（在 50mm 以上的外径千分尺应加上标准量杆）。

（2）在测量工件时，左手持弓架使固定量砧面与工件表面相距很近但未接触，改旋棘轮手柄，直至微动螺杆与工件表面接触，并听到棘轮发出"喀喀"的空转声为止，将定位环向外旋转紧住测杆并读出读数。不得强力旋转套管，以免螺母受损而影响准确性。

（3）在测量时，应使外径千分尺与轴心线相垂直不得歪斜，通常在外径千分尺两侧面夹住零件时，将零件轻轻晃荡，并将千分尺棘轮向前试拧。

（4）放松定位环，旋转转筒使微动螺杆离开工件表面后取下外径千分尺。

（5）在测量时，不得将固定好的外径千分尺用力卡到工件上，以免测杆和砧座磨损。不得在放松测杆之前将外径千分尺从工件上强行取下。

（6）不得随便拆卸。使用完后应用软布擦净，并使两侧面保持一定距离，涂油后放入匣内。

3. 内径千分尺的使用

（1）将内径千分尺调整到合适位置，将内径千分尺置入经计量检测的千分尺内，与千分尺相接触后检查内径千分尺圆杆的零位刻度是否对齐。对齐后，即将圆杆紧固，并重新检查准确性。

（2）测量时，将内径千分尺的一端顶在固定点上，另一端相对该点摆动。对圆形内径的找寻最大间距，对方形内径的找最小间距，测量值如图 1-11 所示。测量两平面间距，如图 1-12 所示，内径千分尺在任一方向摆动，内径千分尺轻微短促地接触平面的点位时，所测量的距离即为两平面间的间距。

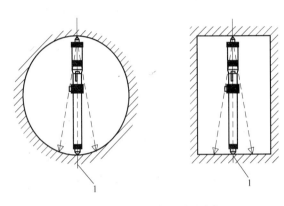

图 1-11　内径千分尺测量内径

1—有效测点

1.1.4　百分表

百分表也称丝表、校表，是一种精度较高，能测出相对数值的测量量具，一般可分为钟表式百分表、电子数显式、内径百分表、深度百分表、杠杆百分表等，主要用来检查工件的形状和位置误差，也用于工件的精密找正。其一般测量范围：0～3mm、0～5mm、0～10mm。

钟表式百分表外形，如图 1-13所示。

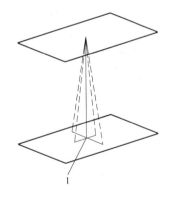

图 1-12　用内径千分尺测量两平面间的距离

1—有效测点

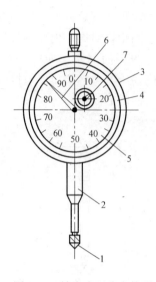

图 1-13　钟表式百分表外形

1—测头；2—测量杆；3—表壳；4—表体；
5—刻度盘；6—长指针；7—小指针

内径百分表是带有杠杆传动或楔形传动机构的表架和分度值为 0.01mm 的百分表的组合。以百分表为读数机构，以杠杆传动或楔形传动机构为测量装置。杠杆传动的内径百分表测量范围较大，带有定位护桥（定中心支架），外形如图 1-14(a) 所示。楔形传动的内径百分表外形如图 1-14(b) 所示。

内径百分表用于以比较法测量孔径或槽宽、孔或槽的几何形状误差。它是根据被测工件的公差，选择相应精度的标准环规或量块及量块附件组合体作为标准来调整内径百分表。经过一次校准零位后，可以测量基本尺寸相同的工件而中途不需调整校对，对大批量的深孔测量很方便。

1. 百分表读数

用百分表测量时，大指针和毫米指针（小指针）的位置都在变化。指针转一圈，毫米指针相应转过一格，所以毫米数可以从毫米指针转过的格数来读得，毫米小数可以从指针离开起始位置来读得。在作比较大范围的测量时，指针和毫米指针在开始的位置都要记住。

先读小指针转过的刻度线（即毫米整数），再读大指针转过的刻度线（即小数部分），并乘以 0.01，然后两者相加，即得到所测量的数值。

读百分表时，视线要与指针指示刻度垂直，以免视差造成读数误差，如图 1-15 所示。

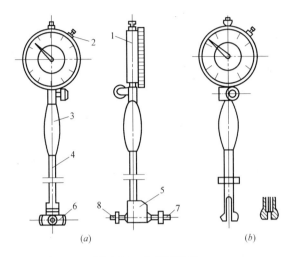

图 1-14 内径百分表

(a) 杠杆传动的内径百分表；(b) 楔形传动的内径百分表外形

1—表体；2—制动器；3—手柄；4—直管；5—主体；

6—定位护桥；7—活动测头；8—可换测头

2. 百分表调零

百分表不需要校对零位，但在测量中为了读数方便，一般都是把指针调到与零刻线重合的位置，这种做法称为调零。在测量中也可以不调零，而是把测头与基准面接触，使指针预先转过半圈至一圈，指针停的位置就作为测量的起始位置，并记住该位置的数值。

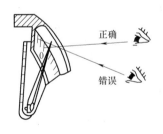

图 1-15 百分表读数的视线示意图

百分表调零有以下两种方法，用百分表作绝对测量时，用测量基准作为调零的基准；作相对测量时，用量块作为调零的基准。

(1) 调整旋钮法

百分表表体上有指针调整旋钮，转动该旋钮，使指针对准零刻线。

（2）转表盘法

对于没有指针调整旋钮的百分表，可用转动表盘的方法调零。调零时，先提起测量杆使测头与基准表面接触，并使指针转过 0.5～1 圈、然后把表固紧（使表的指针预先转过 0.5～1 圈，其目的是既保证有一定的起始测力，又可以零位为基准读取正、负读数）。再把测杆提起 1～2mm，然后轻轻放入，检查百分表的示值稳定性，若示值稳定就可转动表盘，使其零刻线与指针重合。重复上述方法检查零刻线与指针的重合度。如果指针仍与零刻线重合，说明调零已完成。若不重合，则反复进行调整直到重合为止。

3. 百分表装夹

测量时应把百分表装夹在表架或其他牢靠的支架上，否则会影响测量精度或把表摔坏。常用的表架如图 1-16 所示，可根据测量需要，可选带平台的表架或万能表架。在使用前，必须检查量杆移动时是否有挂住或卡涩现象。

百分表应牢固装夹在表架夹具上，如装夹套筒紧固时，夹紧力不宜过大，以免使装夹套筒变形，卡住测杆，如图 1-17 (*a*)、(*b*)。夹紧后应检查测杆移动是否灵活。夹紧后，不可再转动百分表，如图 1-17 (*c*)。若需转动表的方向，必须先松开装夹套。

4. 百分表的使用

（1）百分表固定后，为了便于测量方便，宜将表盘读数归零。

（2）测量前，应检查百分表是否夹牢又不影响其灵敏度，为此可检查其重复性，即多次提拉百分表测杆略高于工件高度，放下测杆，使之与工件接触，在重复性较好的情况下，才可进行测量。

（3）内径百分表应根据所测工件的孔径，选择合适的测头。

（4）在测量时，百分表测杆的轴心线应垂直于被测量工件表

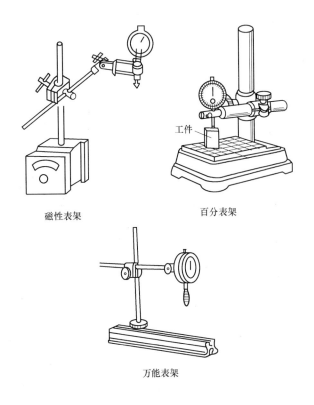

磁性表架　　　　　　　　百分表架

万能表架

图 1-16　常用的表架示意图

面。测量圆柱形工件时，测杆轴线应与圆柱形工件直径方向一致。测量薄形工件的厚度时，须在正、反方向上各测量一次，取最小值，以免由于弯曲而不能正确反映其尺寸。

　　测量平面时，百分表的测杆与被测工件表面必须垂直，如图 1-18 所示，否则将产生较大的测量误差，还会把测杆卡住，损坏百分表。

　　测量圆柱形工件时，测杆轴线应与圆柱形工件的直径方向一致，如图 1-19 所示，否则将产生定位误差。

　　（5）测量时，应轻轻提起测杆，把工件移至侧头下面，缓缓下降侧头，使之与工件接触，如图 1-20 所示。不准把工件强行

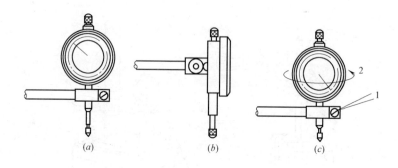

图 1-17　百分表装夹在表架夹具上

1—表架夹具；2—百分表

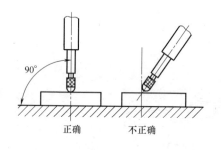

图 1-18　百分表测平面示意图

推入侧头，也不准急剧下降侧头，以免产生瞬时冲击测力，给测量带来误差。对工件进行调整时，也应按上述方法进行操作。在侧头与工件表面接触时，测杆应有 0.3～1mm 的压缩量，以保持一定的起始测量力。

（6）为了测得正确的数值，测量时应有一定的附加外力，即通常使测量杆先缩至表内一小段行程，以保证测量过程中触头始终与测量工作面接触。

（7）测头放入内孔时，应摆动表杆，以便

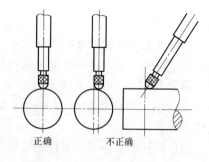

图 1-19　百分表测圆柱

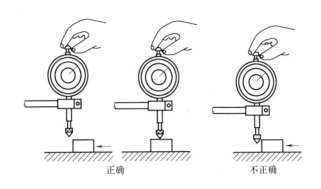

正确　　　　　　　　　　　不正确

图 1-20　百分表测头与工件的接触示意图

测得正确读数。

（8）百分表不使用时，应解除所有负荷，用软布将表面擦干净，并在容易生锈的表面上涂一层工业凡士林，装入盒内。

1.1.5　塞尺

塞尺又称测微片或厚薄规，是用于检验间隙的测量器具之一，横截面为直角三角形，在斜边上有刻度，利用锐角正弦直接将短边的长度表示在斜边上，这样就可以直接读出缝的大小了。

塞尺由一组具有不同厚度级差的薄钢片组成的量规，如图 1-21 所示。塞尺用于测量间隙尺寸。在检验被测尺寸是否合格时，可以用此法

图 1-21　塞尺

判断，也可由检验者根据塞尺与被测表面配合的松紧程度来判断。塞尺一般用不锈钢制造，最薄的为 0.02mm，最厚的为 3mm。自 0.02～0.1mm 间，各钢片厚度级差为 0.01mm；自

0.1~1mm 间，各钢片的厚度级差一般为 0.05mm；自 1mm 以上，钢片的厚度级差为 1mm。

塞尺使用要点：

(1) 塞尺测量间隙时，塞尺表面和测量的缝隙内部应清除干净，测量塞尺厚度应适当，用力不可过大，松紧应适宜。

(2) 使用时可用一片或数片重叠插入间隙，以稍感拖滞为宜；如果拉动时阻力过大或过小，则说明该间隙值小于或大于塞尺上所标出的数值。

(3) 测量时动作要轻，不允许硬插。也不允许测量温度较高的零件。

(4) 测量时，应逐步轻轻推进，以防弯曲或折断。不得测量运动件之间的间隙。

(5) 使用完后，应将塞尺擦拭干净，并涂上一薄层工业凡士林，然后将塞尺折回夹框内，以防锈蚀、弯曲、变形而损坏。

(6) 存放时，不能将塞尺放在重物下，以免损坏塞尺。

1.2 常用测量仪器的使用

1.2.1 水平仪

水平仪用于测量平面对水平或垂直位置的偏差。一般有框式（方形）、条式（长方形）水平仪、光学合象水平仪。

条形水平仪（钳工水平仪）：只能用于检验平面对水平位置的偏差。

框式水平仪：既可用于检验平面水平位置的偏差，还可检验平面对竖直位置的偏差，如图 1-22 所示。

光学合象水平仪：合像水平仪是用来测量工件在水平位置或垂直位置上微小角度的角值量仪。一般常用来校正基准件的安装水平，测量各种机床或各类设备的导轨、基准平面的直线度误差和平面度误差，或零部件间的相对位置的倾斜度误差和垂直度误差，如图 1-23 所示。

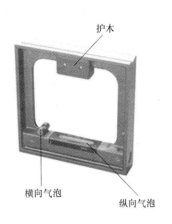

图 1-22 水平仪

水平仪在水平位置或垂直位置时，气泡处于水准器中央位置。精度用毫米/米表示。如精度 0.02/1000mm，其意义为：当气泡移动一格时，水平仪的底面倾斜角度 θ 为 4"，每米高度差为 0.02mm。

1. 水平仪在读数及示例

（1）应了解仪器的读数精

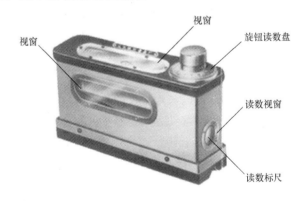

图 1-23 合象水平仪

度，并对水平仪进行检验，消除其本身误差。

（2）在使用水平仪找设备的水平度时，应在被测面上原位置掉转 180°进行测量，将两次读数的数据加以计算修正，见表 1-1。

水平仪测量数据的计算方法 　　　　　　　　表 1-1

气泡移动情况	水平仪读数			
	例 1	例 2	例 3	例 4
第一次测量	0	0	X_1	X_1

气泡移动情况	水平仪读数			
	例 1	例 2	例 3	例 4
第二次测量 （转 180°后）	0	X_2	X_2 （方向与 X_1 相反）	X_2 （方向与 X_1 相同）
a—被测量表面 水平度偏差； b—水平仪误差	$a=b=0$	$a=X_2/2$ $b=X_2/2$ $a=b$	$a=(X_1-X_2)/2$ $b=(X_1+X_2)/2$	$a=(X_1+X_2)/2$ $b=(X_1-X_2)/2$

注：1. 式中 X_1、X_2 均为绝对值。

2. a 和 b 算出的结果为正值时，表示其偏差方向与 X_1 相同，为负值时与 X_2 相同。

（3）在测量机床导轨直线度宜采用相对度数方法，即将水平仪在起端测量位置的读数作为零位，不管气泡位置是在中间或偏在一边，应依次移动水平仪，记下每一位置的读数值（包括气泡水平移动方向）。

（4）根据气泡移动方向与水平仪的移动方向来评定被检查导轨面的倾斜方向。如气泡移动方向与水平仪移动方向一致，一般读为正值，它表示导轨向上倾斜，可用符号"＋1"或箭头"→1"表示；如方向相反，则读作负值，用符号"－1"或箭头"←1"表示。

（5）根据测量读数绘制导轨直线度曲线。

2. 合象水平仪读数

（1）在进行测量时，首先应将水平仪的旋钮读数盘和读数标尺安置在零位，再将水平仪放置于被测平面上。

（2）调整旋钮读数盘，使两个"半气泡"合为一体，从读数盘取读数为 a。

（3）校验水平仪是否准确，应将水平仪掉转 180°，然后沿反方向调整旋钮，使两个"半气泡"合为一体，此时从读数盘测取的读数为 b，如图 1-24 所示。

（4）若 b 值位于零点的另一侧，则其符号与 a 值相反，即 a 为"＋"值时 b 为"－"值。

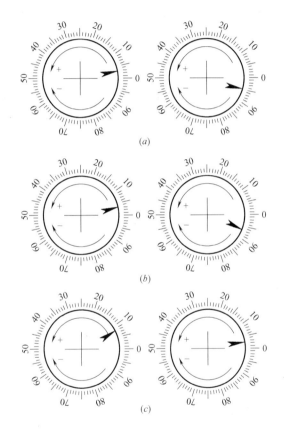

图 1-24　合象水平仪读数简图

（5）被测平面的倾斜度 δ，可用下式求出：

$$\delta = \frac{a-(-b)}{2} = \frac{a+b}{2} \qquad (1-2)$$

如果 $a\neq b$，气泡的中间位置与读数盘的零刻度不相符合，水平仪误差值 s 可用下式求出：

$$s=\frac{a+(-b)}{2}=\frac{a-b}{2} \tag{1-3}$$

（6）所测平面仰度的方向，可根据读数盘旋转的方向来确定。若沿"＋"方向旋转才能使两个"半气泡"重合，则水平仪此头的仰度高，另一头的仰度低，反之也相反。

3. 水平仪的使用

（1）水平仪工作表面和被测量表面应清理干净，不得有毛刺、凹坑。

（2）温度对水平仪测量精度影响很大，操作者手离气泡管较近或对气泡管呼气都有一定的影响。操作水平仪时应手握水平仪护木，不得用手接触水准器，或对着水准器呼气。

（3）测量时，水平仪应远离热流或隔热。

（4）使用误差比较小的水平仪测量设备水平度时，在水平仪掉转 180°之前，应用铅笔顺四周划出标记标明其所占据的位置，以保证在水平仪掉转 180°后，将水平仪准确地摆放在原来位置上，以消除加工面不平的影响。

（5）水平仪在找正平尺上进行测量时，不仅水平仪应掉转 180°，而且平尺也应掉转 180°，以消除平尺的加工误差。

（6）水平仪置于测量面上时，必须将附属其上的横向水平仪气泡位于中央并将水平仪放正、放稳后再进行测量。

读数必须待气泡完全静止后方可进行，视线要垂直对准水准器，以免产生视差。

（7）测量时，应轻拿轻放，不得碰撞和在所测工件表面上滑移。

（8）在调整被测物水平度时，水平仪一定要拿开。

（9）检查立面的垂面时，应用力均匀的紧靠在设备的立面上。

（10）水平仪使用后应擦拭干净，涂上一层无酸无水的防护油脂，置于干燥的盒内，妥善保存。

1.2.2 经纬仪

经纬仪是用于机械设备精度检查的一种高精度的测量仪器，常用于在机械设备安装中对大型设备基础找纵横向中心线、垂直线位置和地面上两个方向之间的水平角测定等。

经纬仪的主要部件，如图 1-25 所示。

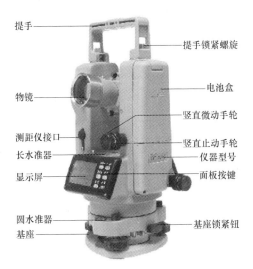

提手——
——提手锁紧螺旋
——电池盒
物镜——
——竖直微动手轮
测距仪接口——
——竖直止动手轮
长水准器——
——仪器型号
显示屏——
——面板按键
圆水准器——
基座——
——基座锁紧钮

图 1-25 经纬仪实物图

1. 经纬仪的装设

（1）用光学对准器（或用挂在仪器上的线锤），把仪器的中心与测点中心对准，经纬仪整平方法，如图 1-26 所示。

（2）在经纬仪对好点后，再拧紧连接螺栓。

（3）将水平方向的制动扳手扳松，使仪器上的长水准器与三个脚螺旋中的两个脚螺旋相平行，如图 1-26（a）所示。

（4）用两手同时旋转两个脚螺旋，旋向相反，使气泡居中，如图 1-26（b）所示。

（5）将仪器水平旋转 90°，使长水准器垂直于原来两个脚螺旋的方向，如图1-26（c）所示。用手旋转第三个脚螺旋，使气泡居中，这样反复进行2～3次。

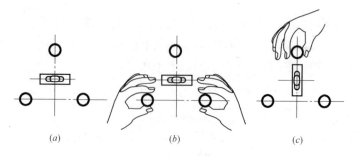

图1-26　经纬仪的整平方法

（6）复核仪器中心与测点是否准确，如移动，应松开连接螺旋，重新对点和整平。

（7）扳松望远镜和水平方向的制动扳手，用望远镜外面的瞄准器对准目标，然后再在望远镜内观察，如看到目标，就可把望远镜和水平方向的两个制动扳手扳紧。

（8）分别调节目镜和望远镜的对光螺旋，使望远镜中所看到的十字线和目标均比较清晰为止。

（9）分别转动望远镜水平方向的微动螺旋，使十字线准确的对准目标。

（10）将眼睛放在左右不同的位置，在望远镜中观测目标，是否偏离十字线。如有偏离可调节对光螺旋，直至目标始终不偏离十字线为止。

2. 经纬仪的读数方法

（1）固定分微尺的读数方法

在读数显微镜中有两个窗口，如图1-27所示。上面为水平度盘分微尺读数，以符号"一"表示，下面为竖直度盘分微尺的读数，以符号"⊥"表示。固定分微尺将度盘上1°的间格等分为60格，分微尺上每格相当于度盘上因此"度"的读数在度盘上读出（图中268或359），"秒"数则在分微尺上读出（图中

15′，或 45′），然后将两者相加为测点的读数（268°15′或239°45′）。

（2）活动分微尺的读数方法

如图 1-28 所示，图中下面的标尺是水平度盘的读数（度数），中间的标尺是竖直度盘的读数（度数），

上面的标尺是共用的活动分微尺读数（分、秒）。分微尺上每小格为 20″。读数时，

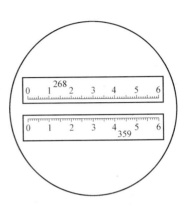

图 1-27　固定分微尺读数

先读显微镜中双竖线夹准的度盘读数（度数），再读取活动分微尺上的读数（分、秒），如图 1-28（a）显示的竖直盘读数为 92°17′40″，图 1-28（b）显示的水平盘读数是 5°12′。

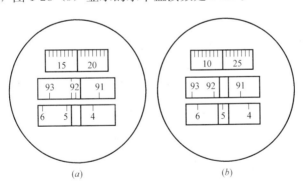

图 1-28　活动分微尺读数

1.2.3　常用测量和检查方法的适用范围

1. 拉钢丝，内径千分尺测距

适用于精测直线度、平行度、同轴度，精度可达 0.02mm，测量时应考虑钢丝垂弧影响，如图 1-29 所示。

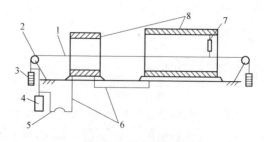

图 1-29　拉钢丝测量同轴度

1—钢丝；2—滑轮；3—坠重；4—电池；5—耳机；6—导线；7—内径千分尺；8—被测件

2. 拉钢丝、钢板尺测距

适用于直线度、平行度、同轴度测量，精度可达 0.50mm，测量时应考虑钢丝垂弧影响。

3. 光学水准仪、标尺读数

适用于中、远距离的标高、水平测量，精度可达 2.50mm，用钢板尺作标尺可使测量精度达到 1mm。

4. 有刻度液体连通管测量

适用于水平度测量，精度可达 1.00mm。

5. 有测微螺钉量取液面的液体连通管测量

适用于精测水平度，精度可达 0.02mm，应考虑液体蒸发影响，如图 1-30 所示。

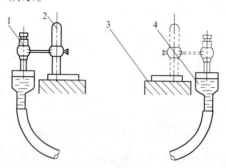

图 1-30　液体连通管测量水平度

1—微调螺钉；2—支架；3—被测件；4—液体连通管

24

6. 吊线锤、钢板尺测距

适用于垂直度测量，精度可达 1.00mm，测量时应考虑风摆影响。

7. 吊钢丝线锤、内径千分尺测距

可辅助使用放大镜读数或用耳机听音测量，适用于精测垂直度，精度可达 0.05mm，测量时应考虑风摆影响如图 1-31 所示。

8. 经纬仪、标贴尺测量

适用于垂直度、直线度、角度测量，精度可达 1.00mm，测量时应预先将标贴尺贴在被测件两端测点部位，如图 1-32 所示。

9. 水平仪测量

水平仪在双面桥（平尺）或专用桥板上测量（桥可下垫 V 形铁、菱形铁、等高块或圆棒等），适用于精测水平度，精度可达 0.02mm，属间接测量，测量时应正确选用桥、尺、块、棒，如图 1-33～图 1-37 所示。

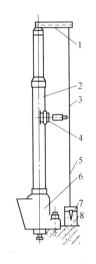

图 1-31　垂线测量垂直度
1—线架；2—被测件；3—内径千分尺；4—V 形块；5—钢丝；6—机座；7—线锤；8—油盒

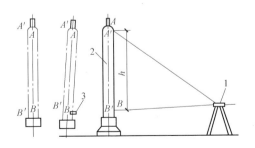

图 1-32　经纬仪测量垂直度
1—经纬仪；2—被测件；3—标尺；
A、A'、B、B'为测点标贴尺

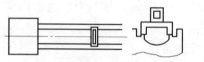

图 1-33　导轨水平度测量　　　　　图 1-34　在倾斜导轨上测量水平度

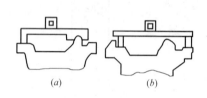

图 1-35　测量异型导轨水平度

（a）通过专用桥测量；

（b）利用双面桥（平尺）等测量

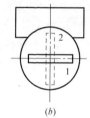

图 1-36　测量圆形台面水平度

（a）直接用水平仪测量；

（b）架在双面桥（平尺）上测量

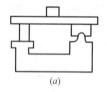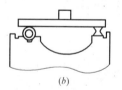

图 1-37　间接测量异型导轨水平度

（a）架在 V 形铁或等高块上，用双面桥（平尺）横跨测量；

（b）架在圆棒或异形块上，用双面桥（平尺）横跨测量

10. 水平仪合像水平仪

适用于精测水平度，精度可达 0.02 或 0.01mm，被测面必须洁净、光滑。

2 岗位操作技能

2.1 划线操作

划线是根据图样的尺寸要求，用划线工具在毛坯或半成品工件上画出待加工部位的轮廓线或作为基准的点、线的操作。

划线可分为平面划线和立体划线两种，平面划线是在工件的一个平面上划线；在工件长、宽、高三个方向上划线称为立体划线，立体划线是平面划线的复合运用。

划线不仅能使加工有明确的界限，而且能及时发现和处理不合格的毛坯，避免造成损失，而在毛坯误差不太大时，往往又可依靠划线的借斜法予以补救，使零件加工表面仍符合要求。划线要求线条清晰，尺寸准确，位置正确，冲眼均匀。由于划线的误差为 0.25～0.5mm，所以，在加工过程中要靠测量来控制尺寸精度，而不是以划出的线条来确定工件的最后尺寸。

2.1.1 划线工具及用途

1. 划针、划规

划针是在工件表面划线用的工具，如图 2-1 和图 2-2 所示。常用 $\phi3\sim6$ 的工具钢或弹簧钢丝制成并经淬硬处理。有的划针在尖端部分焊有硬质合金，这样划针就更锐利，耐磨性好。

划线时，划针要依靠钢直尺或直角尺等和导工具而移动，并向外倾斜 15°～20°，沿着划线方向倾斜 45°～75°，如图 2-3 所示。在划线时，要做到尽可能一次划成，使线条清晰，准确。

划规是划圆、弧线、等分线段及量取尺寸等用的工具，如图 2-4 所示。用划规划圆时，作为旋转中心的一脚应加以较大的力，另一脚则以较轻的压力在工件表面上划出圆弧，这样可使中心不致滑移。用划规划圆时，划规两尖脚要在所划圆周的同一平面上。如果两尖脚不在同一平面上，划规两脚尖距离应注意换算或采用专用划规。

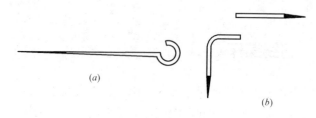

图 2-1 划针的种类

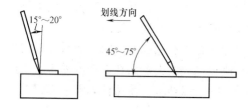

图 2-2 划针的用法（一）

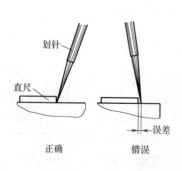

图 2-3 划针的用法（二）

2. 划卡、划线盘

划卡（单脚划规），主要是用来确定轴和孔的中心位置，也可用来划平行线。操作时应先划出 4 条圆弧线，然后再在圆弧线中冲一样冲点，如图 2-5 所示。

划线盘主要用于立体划线和校正工件位置，如图 2-6 所示。用划线盘划线时，要注意划针装夹应牢固，伸出长度要短，以免产生抖动。其底座要保持与划线平台贴紧，不要摇晃和跳动。划线盘使用完毕后，应使划

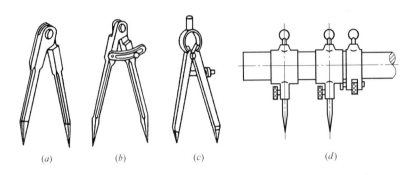

图 2-4 划规

（a）普通划规；（b）扇形划规；（c）弹簧划规；（d）大尺寸划规

针置于垂直状态，并使直头端向下，以防伤人和减少所占的空间位置。

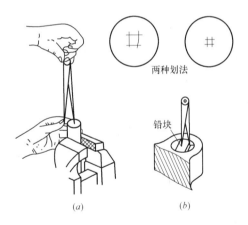

图 2-5 划卡的用法

（a）定轴线；（b）定孔中心

3. 划线测量工具

测量工具有普通高度尺、高度游标卡尺、钢直尺、90°角尺和平板尺等。普通高度尺又称量高尺，由钢直尺和底座组成，使用时配合划针盘量取高度尺寸。

高度游标卡尺可视为划针盘与高度尺的组合，如图 2-7 所示，能直接表示出高度尺寸，其读数精度一般为 0.02mm，主要用于半成品划线，不允许用于毛坯上划线。

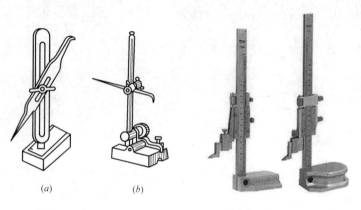

(a)　　　　(b)

图 2-6　划线盘

(a) 普通划线盘；(b) 微调划线盘

图 2-7　高度游标卡尺

4. 夹持工具

夹持工具有千斤顶、V 形架等。

千斤顶：千斤顶（图 2-8）是在平板上作支承工件划线使用的工具，其高度可以调整。通常用 3 个千斤顶组成一组，用于不

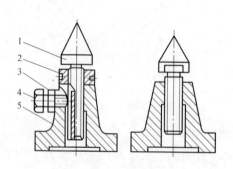

图 2-8　千斤顶

1—螺杆；2—螺母；3—锁紧装置；4—螺钉；5—底座

规则或较大工件的划线、找正。

V 形架：V 形架用于支撑圆柱形工件，使工件轴心线与平台平面（划线基面）平行，一般两个 V 形架为一组。

5. 样冲

样冲是在划好的线上冲眼时使用的工具，一般由工具钢制成，尖端处磨成 45°～60°并经淬火硬化，如图 2-9 所示。

冲眼是为了强化显示用划针划出的加工界线，也是使划出的线条具有永久性的位置标记，另外也可作为划圆弧时作定心脚点使用。

冲眼使用要点：

（1）冲眼位置要准确，冲心不能偏离线条，如图 2-10 所示。

（2）冲眼间的距离要以划线的形状和长短而定，直线上可稀疏，曲线则稍密，转折交叉点处需冲点。

（3）冲眼大小要根据工件材料、表面情况而定，薄的可浅些，粗糙的应深些，软的应轻些，而精加工表面禁止冲眼。

（4）圆中心处的冲眼，最好要打得大些，以便在钻孔时钻头容易对中。

图 2-9　样冲

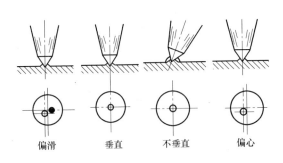

图 2-10　冲眼位置示意图

31

6. 划线涂料

为了使工件上划出的线条清晰可辨，划线前需在划线部位涂上一层涂料。常见的涂料有白喷漆（适用于铸、锻件毛坯工件）、蓝油（适用于已加工表面的划线）。

此外，小毛坯件可涂粉笔，一些半成品可涂硫酸铜溶液。使用涂料时，应将涂料涂得薄而均匀，才能保证划线清晰，防止脱皮。

2.1.2 划线基准

在零件图上用来确定其他点、线、面位置的基准称为设计基准。划线时，划线基准与设计基准应一致，用它来确定工件的各部分尺寸、几何形状和相对位置。合理选择基准可提高划线质量和划线速度，并避免由失误引起的划线错误。

一般选择重要孔的轴线为划线基准，若工件上个别平面已加工过，则应以加工过的平面为划线基准。由于划线时，每划一个方向的线条，都需要确定一个基准，因此，平面划线时一般要选两个划线基准，而立体划线时一般要选择三个划线基准。

划线的基准一般可根据以下类型来选择。

（1）以两个相互垂直的平面（或线）为基准，如图 2-11 所示。

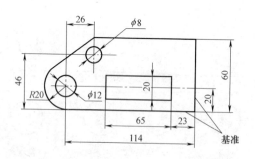

图 2-11　以两个互相垂直的平面为基准

（2）以两个相互垂直的中心线（或平面）为基准，如

图 2-12所示。

（3）以一个平面（或线）与一对称平面为基准，如图 2-13所示。

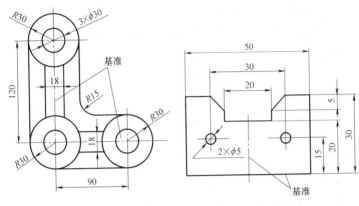

图 2-12　以两条中心线为基准　　图 2-13　以一个平面和一
　　　　　　　　　　　　　　　　条中心线为基准

2.1.3　平面划线

1. 划线步骤

（1）根据图纸确定划线基准，详细了解需要划线的部位、部位的作用和需求以及有关的加工工艺。

（2）初步检查毛坯的误差情况，去除不合格毛坯。

（3）工件表面涂色（蓝油）。

（4）正确安放工件和选用划线工具。

（5）划线：先划基准线，再划其他直线，最后划圆、圆弧和斜线等。

（6）详细检查划线的精度以及线条有无漏划。

（7）在线条上打样冲眼。

2. 划线操作

平面划线是在工件的一个表面上划线。划线时应注意工件支撑平稳。同一面上的线条应在一次划全，避免再次调节支承补划，否则容易产生误差。

2.1.4 立体划线

1. 划线基准的选择

平面划线中的许多知识可以在立体划线中应用，但立体划线要比平面划线复杂。立体划线是一个"三基面所组成的空间坐标体系"，因此要求划线工对图纸和加工工艺有充分的理解，明确加工的部位及技术要求，然后选择基准。

2. 立体划线位置选择

立体第一划线位置应在待加工的孔和面最多的一面。这样，有利于减少复杂构件的翻转次数，保持划线质量。

3. 划十字校正线

划十字校正线必须在几个面上同时划出，以形成立体的十字校正面，供下道划线和机械切削加工时校正构件位置用。十字校正线必须在平直的部位，线条划得越长，校正越正确；所划的平面越平直，校正也越方便。一般常以基准轴孔的轴线作为十字校正线。

4. 轴承座立体划线示例

图 2-14 为某轴承座零件图，需要划线的尺寸共有三个方向，所以工件要经三次安放，才能划完所有线条。划线基准选择为轴承座内孔的两个中心平面Ⅰ-Ⅰ和Ⅱ-Ⅱ，以及两个螺钉孔的中心平面Ⅲ-Ⅲ。

（1）第一次划Ⅰ-Ⅰ基准线，如图 2-15 所示。

先确定 $\phi 50$ 轴承座内孔和 $R50$ 外轮廓的中心。由于外轮廓是最大、最重要的毛坯外表面，外廓不加工，而且加工 $\phi 50$ 轴承座内孔要保证其与 $R50$ 外轮廓同心（即保证 $\phi 50$ 轴承座内孔的壁厚均匀），所以，应以 $R50$ 外圆为找正依据，求出中心。分别在轴承座两端求取 $R50$ 外圆中心。

由于平面 A 也是不加工面，使 A 面尽量达到水平位置。当

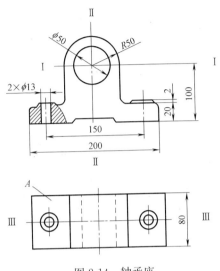

图 2-14 轴承座

两端孔中心要保持同一高度，A 面又要保持水平位置，两者发生矛盾时，就要兼顾两方面进行找正。接着，用划线盘试划底面加工线，如果四周加工余量不够，还要重新调整（借料），把中心调高，到最后确定不需要再变动时，就

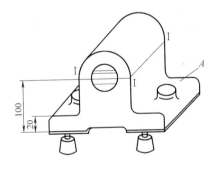

图 2-15　第一次划线

可以在中心点上打样冲眼，划出Ⅰ-Ⅰ基准线和底面加工线。然后划出垂直方向的 20、2、100 尺寸线。

　　（2）第二次应划Ⅱ-Ⅱ基准线，如图 2-16 所示。这个方向的位置已由 φ50 轴承座内孔的两端中心和已划的底面加工线确定。将工件翻转 90°后放置，通过千斤顶的调整和划线盘的找正，使 φ50 轴承座内孔两端的中心处于同一高度，同时用角尺按已划出

35

的底面加工线找正到垂直位置。接着划Ⅱ-Ⅱ基准线。然后再根据尺寸要求划出两个螺钉孔的中心线。

（3）第三次划Ⅲ-Ⅲ基准线和轴承座两个大端面的加工线，如图 2-17 所示。将工件再翻转到图示位置，用千斤顶支持工件，通过千斤顶的调整和 90°角尺的找正，分别使底面加工线和Ⅱ-Ⅱ中心线处于垂直位置。

以两个螺钉孔的中心为依据，试划轴承座两大端面的加工线，如两面的加工余量有偏差过大或不够时，可适当调整螺钉孔中心，并借料划出Ⅲ-Ⅲ基准线和轴承座两个大端面的加工线。然后可用划规划出轴承座内孔和两个螺钉孔的圆周线。

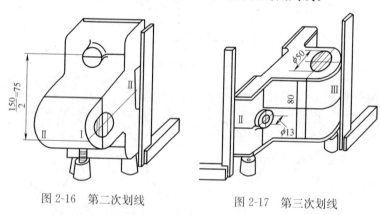

图 2-16　第二次划线　　　　图 2-17　第三次划线

2.1.5　划线找正和借料

各种铸锻件毛坯，由于种种原因，造成形状歪斜、偏心、各部分壁厚不均匀等缺陷。当形位偏差不大时，可以通过划线找正和借料的方法予以补救。

1. 找正

找正就是利用划线盘、90°角尺等划线工具，使零件上有关的毛坯表面处于合适的位置。

（1）找正工件的轴孔。因铸造时内孔与凸缘外圆不同心，在划内孔加工线时，应找正外圆，求出中心位置，然后按中心位置划出内孔的加工线。使内孔与凸缘外圆基本达到同心。

（2）找正工件内壁。构件内壁多数不需加工，但要安装齿轮等零件，在划线时，应特别注意找正工件内壁，保证经过划线和加工后的工件，不影响零件装配。

（3）找正工件底面加工线。应用划线盘找正上平面成水平位置，这样划出的底面加工线，各处的厚度比较均匀。

（4）当工件上有两个以上的加工表面，找正时应选择其中面积较大的或外观质量要求较高的面，并兼顾其他次要的不加工表面，做到尽量符合质量要求。

2. 借料

划线中的借料是对铸件或锻件毛坯在尺寸、形状和位置上存在的误差和缺陷，使各加工表面具有足够加工余量，并使某些缺陷能在加工时排除。

如图 2-18 所示是齿轮箱体毛坯，由于铸造不当使左、右两

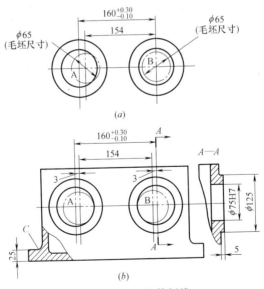

图 2-18　齿轮箱体划线

（a）一般划线；（b）借料划线

孔的中心距偏位，且 A 孔向右偏了 6mm。按常规划法，如图 2-18（a），A 孔便没有足够的加工余量。

当采用借料划线方法，如图 2-18（b）所示，将 A 左孔向左借过 3mm，B 孔向右借过 3mm，使两孔都得适当的加工余量。由于把 A 孔的误差平均地反映到 A、B 两孔的凸缘外圆上。所以，使凸缘外圆与内孔产生偏位，对外观质量带来一些影响。

以上仅为 A、B 两孔水平方向的借料情况，如平面 C 是不加工表面，为了保证其与底面之间的厚度 25mm 在各处均匀，划线时要先以 C 面为依据进行找正。而且在对 C 面找正时，还必然会影响到 A、B 两孔的中心高低，可能还要进行高低方向的借料。

2.2 錾削操作

錾削是用手锤击打錾子，对金属工件进行切削加工的方法。錾削主要用于不便加工的场合，如去除焊接焊道焊渣及毛坯上的毛刺，大的焊熘切断，加工沟槽和平面等。每次錾削金属层的厚度为 0.5～2mm。

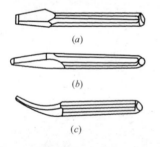

图 2-19 錾子

（a）扁錾；（b）窄錾；（c）油槽錾

錾子一般用碳素工具钢锻制而成，刃部经淬火和回火处理后有较高的硬度和足够的韧性。常用的錾子：扁錾（主要錾削平面和分割材料）、窄錾（主要錾削沟槽）、油槽錾（主要錾削润滑油槽），如图 2-19 所示。

2.2.1 錾削角度

錾子的切削刃是由两个刀面组成，构成楔形。錾削时影响质量和生产率的主要因素是楔角 β 和后角 α 的大小，如图 2-20 所示。楔角 β 愈小，錾刃愈锋利，切削省力，但 β 太小时刀头强度较低，刃口容易崩裂。一般是根据錾削工件材料选择 β，錾削硬脆的材料如工具钢等，楔角要选大些，$\beta=60°\sim70°$；錾削硬度较低的碳钢、铜、铝等有色金属，楔角要选小些，$\beta=30°\sim50°$；錾削一般结构钢时，$\beta=50°\sim60°$。

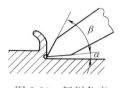

图 2-20　錾削角度

后角 α 的改变将影响錾削过程的进行和工件加工质量，其值在 $5°\sim8°$ 范围内选取。粗錾时，切削层较厚，用力重应 α 角选小值；精细錾时，切削层较薄，用力轻，α 角应选大些。若 α 角选择不合适，太大了容易扎入工件，太小时錾子容易从工件表面滑出，如图 2-21 所示。

（a）　　　　　　　　　（b）

图 2-21　錾削后角

2.2.2　錾子和手锤的握法

手握錾子力要轻，不要握得太紧，以免掌心承受过大而振动。錾削时握錾子的手要保持小臂处于水平位置，并能下垂或抬高。錾子头部伸出 20～25mm，如图 2-22（a）所示。

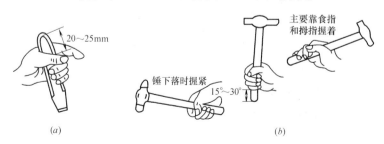

（a）　　　　　　　　　　　　　（b）

图 2-22　錾子和榔头的握法

手锤主要靠拇指和食指，其余各指当锤击时才握紧。柄端只能伸出 15～30mm，如图 2-22（b）所示。

2.2.3 錾削步骤

（1）錾子要握平或将錾头略向下倾斜以便切入。

开始起錾时，应从工件侧面的夹角处轻轻地起錾，如图 2-23（a）所示。同时慢慢地把錾子移向中间，至錾刃口与工件平行为止。如錾削要求不允许从边缘尖角处起錾（例如錾油槽），此时錾子刃口要贴住工件，錾子头部向下约 30°，如图 2-23（b）所示。轻轻敲打錾子，錾出一个小斜面，然后开始錾削。当錾削大约距尽头 10mm 左右时，必须停止錾削，然后调头錾去余下的部分，否则尽头处材料会崩裂，如图 2-24 所示。

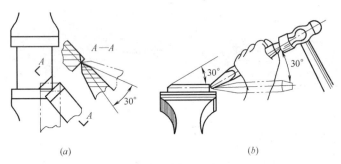

(a) (b)

图 2-23　起凿方法

（a）工件侧面的斜角起錾；（b）工件端面低位起錾

（2）錾切时，錾子要保持正确的位置和前进方向。锤击用力要均匀，锤击数次以后应将錾子退出一下，以便观察加工情况，有利于刃口散热，也能使手臂肌肉放松，有节奏的工作。

（3）錾削收尾时，应调头錾切余下部分（图 2-24），以免工作边缘部分崩裂。錾削铸铁、青铜等脆性材料，尤其要注意。

2.2.4 錾削平面

錾削平面采用扁錾，每次錾削金属厚度为 0.5～2mm。錾削

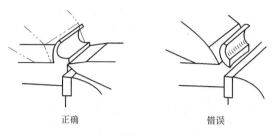

正确   错误

图 2-24　錾削收尾的方法

较窄平面时錾子的刀口与錾削方向应保持一定的角度，如图 2-25 所示，这样錾削时导靠较稳。錾削较大平面时，可先用尖錾间隔开槽，槽的深度应保持一致，然后再用扁錾錾去剩余部分，这样比较省力，如图 2-26 所示。

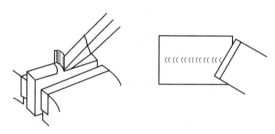

图 2-25　錾削较窄的平面

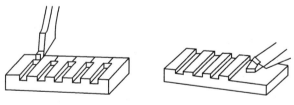

图 2-26　錾削较大平面

2.2.5　錾削油槽

錾削前先根据图样上油槽的断面形状、尺寸刃磨好油槽錾的切削部分，同时在工件需錾削油槽部位划线。如图 2-27 所示，錾子的倾斜角度需随曲面变动，保持錾削时后角不变，这样錾出的油槽光滑且深浅一致。錾削结束后，修光槽边毛刺。

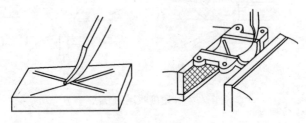

图 2-27　錾削油槽

2.2.6　錾削操作安全事项

（1）保持錾子刃口锋利；要及时磨掉錾子头部明显的翘边，以免碎裂飞出伤人。

（2）木柄和锤头连接应牢固，避免脱出伤人。

（3）佩戴防护眼镜，避免錾削碎屑飞出伤人。

（4）錾子、手锤头部位和木柄不准沾油，以防滑出。

（5）刃磨錾子时一定要搁在砂轮机中心线以上，用力不能过猛，防止錾子卡到砂轮机和搁架之间，发生事故。

2.3　锉削操作

锉削是用锉刀对工件表面进行切削加工，使它达到零件图所要求的形状、尺寸和表面粗糙度。锉削加工简便，工作范围广。它可对工件上焊接过的平面、曲面、内孔、沟槽以及其他复杂表面焊渣、毛刺等进行加工，是钳工主要操作方法之一。锉削的加工精度可到达 0.01mm，表面粗糙度 Ra 可达 3.2μm。

锉刀的规格是以工作部分的长度表示的，有 100mm、150mm、200mm、250mm、300mm、350mm 和 400mm 等 7 种。

锉刀的种类很多，按齿纹距大小分有粗细等级。1 号粗锉刀：适用于大余量锉削；2 号中齿锉刀：适用于粗锉后的加工；

3号细锉刀：适用于较硬材料的锉削和工件表面的锉光；4号、5号极细锉刀：适用于精加工时打光表面。锉刀分为普通锉、特种锉和整形锉三种。

锉刀按用途分有普通锉、整形锉和特种锉。

（1）普通锉按断面形状不同分为5种，即平锉、方锉、三角锉、半圆锉和圆锉，如图2-28所示。

（2）整形锉尺寸很小，形状更多，通常是10把一组，用于修整工件上的细小部位。

（3）特种锉用于加工特殊表面，种类较多，如菱形锉。

2.3.1 锉刀选用

锉刀粗细选用：由工件加工余量、加工精度、表面粗糙度及工件材料决定。一般粗齿锉刀用于加工软金属、加工余量大（0.5～11mm）、精度低和表面粗糙度较高的工件；细齿锉刀用于加工硬材料或精加工时，加工余量小（0.05～0.2mm）、精度较高（0.01mm）和表面粗糙度较低的工件；中齿锉刀用于粗挫之后的加工，油光锉用于最后修光表面。

锉刀断面形状的选用：由工件加工表面的形状决定。图2-28为加工面选用不同形状锉刀的示例，其中平锉应用最广。

锉刀长度的选用：由工件加工面的大小和加工余量决定。

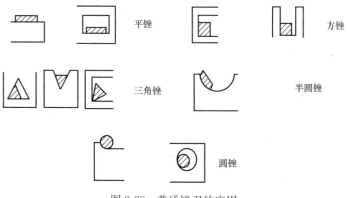

图 2-28　普通锉刀的应用

2.3.2 锉刀的使用

1. 锉刀的握法

锉刀的种类较多，所以锉刀的握法还必须随着锉刀的大小、使用地方的不同而改变。较大锉刀的握法如图 2-29 所示。中、小型锉刀的握法如图 2-30 所示。

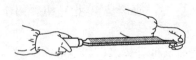

图 2-29 较大锉刀的握法

2. 锉削力的运用

锉削时有两个力：一个是推力；一个是压力。其中推力由右手控制，压力由两手控制，锉削开始时，左手压力大，右手压力小。随锉刀前推，左手压力逐渐减小，右手压力逐渐增大，到中间时，两手压力相等。到最后阶段时，左手压力减小，右手压力增大。退回时不加压力。如图 2-31 所示。

注意：锉刀只在推进时加力进行切削，返回时，不加力、不切削，把锉刀返回即可，否则易造成锉刀过早磨损；锉削时利用锉刀的有效长度进行切削加工，不能只用局部某一段，否则局部磨损过重，造成寿命降低。

锉削速度一般为 30～40 次/min，次数过多易降低锉刀的使用寿命。

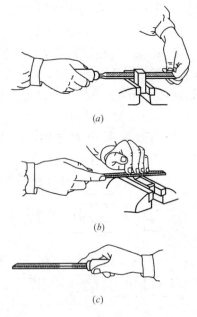

图 2-30 中、小型锉刀的握法

(a) 中型锉刀的握法；*(b)* 小型锉刀的握法；*(c)* 最小型锉刀的握法

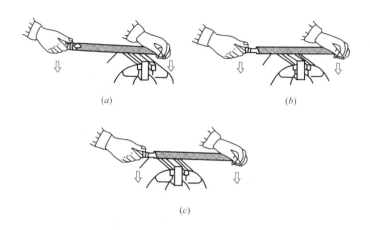

图 2-31　锉刀施力变化

2.3.3　平面锉削

1. 工件夹持

将工件夹在虎钳口的中间部位，伸出不能太高，否则易振动。若表面已加工过，则应用铜皮包起，保护表面。

2. 锉削操作方法

平面锉削是锉削中最基本的一种，常用顺向锉、交叉锉、推（刮）锉 3 种操作方法，如图 2-32 所示。

（1）交叉锉：锉刀运行方向是交叉的，从锉削痕迹上可显出高低部位，交叉锉能锉出准确的平面，一般在开始锉削时都采用交叉锉的方法。

（2）顺向锉：顺锉法一般在交叉锉法后使用，顺锉法能得到正直的锉痕，锉削面比较整齐。

（3）推（刮）锉：适宜加工余量较小、平面及尺寸的修平，顺直锉纹。

3. 锉刀的移动

锉削平面时，不管采用顺向锉还是交叉锉，当抽回锉刀时，锉刀要每次向旁边移动一些，如图 2-33 所示。这样可使整个加

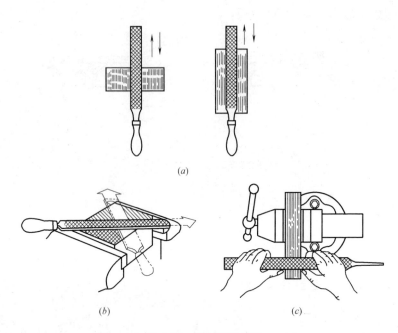

图 2-32 平面锉削方法

（a）顺向锉；（b）交叉锉；（c）推（刮）锉

工面锉削均匀。

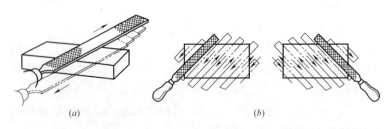

图 2-33 锉刀的移动

（a）顺向锉；（b）交叉锉

4. 锉削面检验

工件锉平后，可用各种量具检查锉削面尺寸和形状精度，如图 2-34 所示。利用钢直尺和角尺贴在被锉削的平面上以透光法来检查工件的直线度和垂直度，看它的透光性，若能看到明显的透光现象，说明被加工面不符合要求。这样循环检验，直至没有明显的透光现象为止，如图2-35所示。

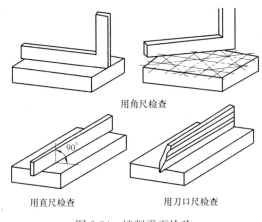

用角尺检查

用直尺检查　　　　用刀口尺检查

图 2-34　锉削平面检验

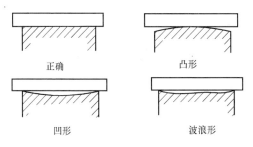

正确　　　　凸形

凹形　　　　波浪形

图 2-35　锉削平面检验结果

2.3.4　圆弧面的锉法

1. 凸圆弧面的锉法

凸圆弧面一般采用滚锉法、顺锉法，如图2-36所示，在锉刀作前进运动的同时，还绕工件圆弧的中心作摆动，摆动时右手把锉刀柄部往下压，而左手把锉刀前端向上提，适用于加工余量较小的场合。

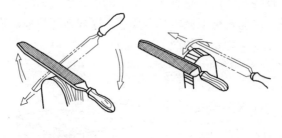

滚锉法　　　　　　　　　　　　顺锉法

图 2-36　凸圆弧面锉削

当加工余量较大时，可采用顺锉法，当粗锉成多棱形弧面后，再用滚锉法精锉成圆弧。

2. 凹圆弧面的锉法

凹圆弧面一般采用滚锉法和顺锉法，如图 2-37 和图 2-38 所示。

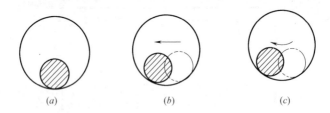

(a)　　　　　　　　　(b)　　　　　　　　　(c)

图 2-37　凹圆弧面的滚锉法

(a) 前进运动；(b) 向左移动；(c) 绕中心线转动

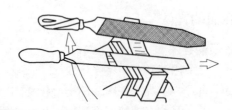

图 2-38　凹圆弧面的顺锉法

滚锉时，锉刀要顺圆弧摆动锉削，常用于精锉凹圆弧面，其有三个方向的运动：前进运动、向左（或向右）移动（半个到一个锉刀直径）、绕锉刀中心线转动（顺时针或逆时针方向转动约 90°）。

顺锉时，锉刀垂直于凹圆弧面运动，适用于粗锉凹圆弧面。

2.3.5　锉削操作安全事项

（1）锉刀必须装上木柄，并在木柄靠锉刀一端套上金属环，以免木柄开裂。不使用无柄或柄已裂开的锉刀，防止刺伤手腕。

（2）工件待加工表面，应先擦净其上的油脂后再进行锉削，在锉削时不得用手触摸刚锉过的表面。

（3）锉削速度为每分钟 40 次左右，锉硬钢件时应慢些，在锉削回程时，必须撤除压力，以免磨损锉齿。

（4）不能用嘴吹铁屑，防止铁屑飞进眼睛。

（5）有硬皮或砂粒的铸件及锻件，要在砂轮机上磨掉后，方可用半锋利的锉刀锉削。

（6）经常用钢丝刷清扫锉齿内的锉屑，保持切削效率。

（7）锉刀放置时不要露出工作台外面，以防掉下扎伤脚或损坏锉刀。

（8）锉刀不用时不可重叠放置，或与其他工具堆放在一起。

2.4　锯割操作

用锯对材料或工件进行切断或切槽等的加工方法，称为锯割。钳工的锯割只是利用手锯对较小的材料和工件进行分割或切槽，如图 2-39 所示。

手锯由锯弓和锯条组成。锯条长度以两端安装孔中心距来表示，常用的锯条长度为 300mm、宽 12mm、厚 0.8mm。按齿距的大小，锯条分为粗齿、中齿和细齿 3 种。粗齿主要用于加工截面或厚度较大的工件；细齿主要用于锯割硬材料、薄板和管子

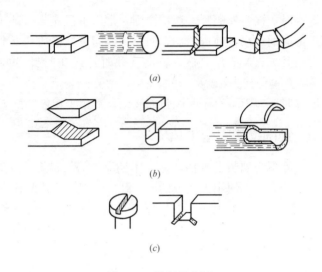

(a)

(b)

(c)

图 2-39 锯割的应用

等；中齿加工普通钢材、铸铁以及中等厚度的工件。

虽然当前各种自动化、机械化的切割设备已被广泛应用，但是手锯切削，在临时工地以及在切削异形工件、开槽、修整等场合应用很广。

2.4.1 手锯锯割基础操作

1. 安装锯条

根据工件材料及锯切厚度选择合适的锯条。安装锯条时，锯齿齿尖必须朝前，如图 2-40 所示，锯条在锯弓上的松紧程度要适当，过紧或过松锯割时锯条易折断，一般以两手指的力旋紧为

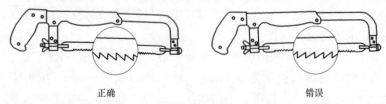

正确   错误

图 2-40 手锯锯条安装

止。锯条安装不能歪斜和扭曲。

2. 工件装夹

工件尽可能夹持在虎钳的左边，以免锯割操作过程中碰伤左手。工件悬伸要短，以增加工件刚度，避免锯割时颤动。

3. 手锯握法

右手握锯柄，左手轻扶弓架前端，如图 2-41 所示。

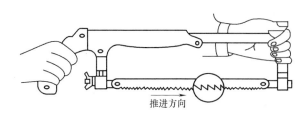

图 2-41 手锯的握法

2.4.2 手锯锯割操作

锯割时要掌握好起锯、压力、速度和往复长度。

1. 起锯

手锯起锯方式，如图 2-42 所示。起锯时锯条应与工件表面倾斜成 $10°\sim15°$ 的起锯角度 θ。若 θ 过大，锯条容易崩碎；θ 太小，锯条不易切入。为了防止锯条的滑动，可用左手拇指指甲靠稳锯条。

2. 锯割

锯割时，锯弓作往复直线运动，右手推进，左手施压；前进时加压，用力均匀。返回时锯条从加工面上轻轻滑过。往复速度不宜太快。锯割的开始和结束，压力和速度都应减小。

锯硬材料时，压力应大些，速度慢些；锯软材料时，压力可小些，速度快些。为了提高锯条的使用寿命，锯割钢材时可加些机油等锯割液。

锯割时应尽量利用锯条的全部长度。行程过短，局部磨损加快，锯条寿命降低，甚至会因局部磨损，锯缝变窄，造成锯条卡

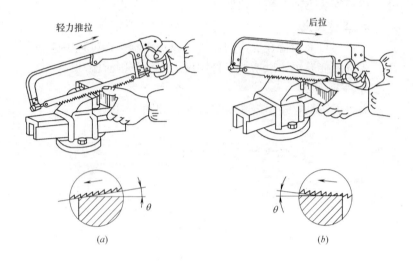

图 2-42　手锯起锯方式

（a）远距离起锯；（b）后拉起锯

死和折断。一般，锯割行程不应小于锯条全长的 2/3。锯割速度以每分钟往返 20～40 次为宜。锯缝如歪斜，不可强锯，应将工件翻转重新起锯。较小的工件或较软的材质既要夹牢又要防止变形。

2.4.3　典型金属材料锯割操作

1. 扁钢、钢管

为了得到整齐的锯缝，锯割扁钢应在较宽的面下锯，如图 2-43 所示；锯割圆管不可从上到下一次锯断，而应每锯到内壁后工件向推锯方向转一定角度再继续锯割，如图 2-44 所示。

2. 槽钢和角钢

槽钢和角钢的锯法与扁钢锯法相同，但应不断改变工件夹持方位，使锯割符合"宽面下锯"的原则，如图 2-45 所示。

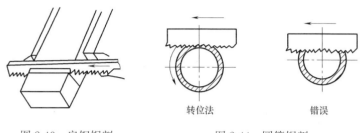

图 2-43　扁钢锯割

转位法　　　　　　错误

图 2-44　圆管锯割

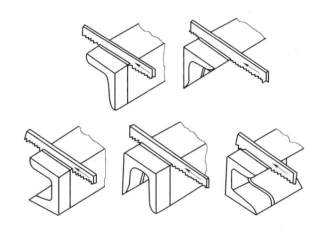

图 2-45　槽钢和角钢锯割

3. 锯割金属薄板

锯割金属薄板时，要用木板夹住薄板两侧，或多片重叠锯割，如图 2-46 所示，连同木板一起锯下去。

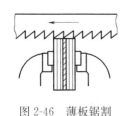

图 2-46　薄板锯割

2.5 孔加工操作

钻孔、扩孔和铰孔一般在钻床上完成。常用的钻床有台式钻床、立式钻床和摇臂钻床等。

2.5.1 钻孔操作

用钻头在实体材料上加工孔的操作称为钻孔。普通钻孔操作使用的刀具是麻花钻，属于粗加工。

1. 钻头的装夹

钻头的装夹主要有两种方式：钻夹头装夹和钻套装夹。钻夹头用来夹持直柄钻头，装夹时，先将钻头柄部放入夹头的卡爪内，然后用钻夹扳手旋转外套夹紧钻头。钻套用来夹持锥柄钻头。

2. 工件的装夹

单件小批量生产或者孔的加工要求不高时，可以用划线来确定孔的中心位置，然后采用通用夹具安装。工件的夹持方法主要根据工件的大小、形状和加工要求确定。对于小型工件要用手虎钳夹持钻孔；对于柱形工件要用 V 形铁装夹；对于平整的工件直接用平口钳装夹；对于较大工件要用压板和螺钉安装在钻床台面上。图 2-47 为钻孔时常用的各种工件装夹方法。

批量生产或者工件加工要求较高时，可以采用钻模。钻模上装有耐磨性及精度较高的钻套，用来引导钻头，不必对孔的位置进行划线，钻孔的精度也较高。

3. 麻花钻的刃磨

如图 2-48 所示，麻花钻的刃磨方法可按下列程序进行：

（1）一手握住钻身靠在砂轮的搁架上作支点，另一手握住钻柄，使钻身水平，钻头中心线和砂轮面成 α 角，然后将刃口平行的接触砂轮面（不低于砂轮中心），逐步加力。

（2）在刃磨过程中将钻头沿钻头轴线顺时针旋转 $35°\sim45°$。

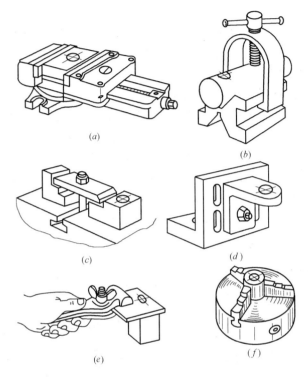

图 2-47　工件装夹方法

(a) 平口钳；(b) V 形铁；(c) 螺旋压板；

(d) 角铁；(e) 手虎钳；(f) 三爪卡盘

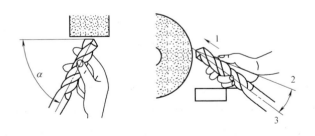

图 2-48　麻花钻刃磨示意图

1—进刀方向；2—上摆止点；3—下摆止点

钻柄向下摆动约等于后角。

（3）刃磨后目测检查：将钻头竖起，立在眼前，两眼准视，将钻头绕轴心线反复旋转180°观看两刃口高度应一致。

4. 钻孔步骤

钻孔前应先划好线，打上样冲眼，孔中心的样冲眼宜冲大一些，以便钻头横刃落入冲眼的锥坑中，使钻头不易偏离中心。

（1）先试钻一浅坑，检查钻出的锥孔与所划的钻孔圆周线的同心，如偏移较小，可移动工件或钻床主轴予以校正；如偏离中心较多可用样冲在需要多钻去的部位錾槽，如图2-49所示，以减少此处的切削阻力，使钻头偏移过来，达到校正的目的。

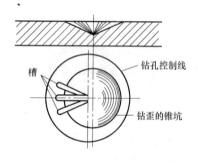

槽

钻孔控制线

钻歪的锥坑

图2-49 錾槽校正偏移的孔

（2）当钻孔时，在孔快钻穿时，应注意减少进给量以避免钻头折断或钻孔质量降低。

（3）钻深孔时，在钻进深度达到直径的3倍时，宜将钻头退出排屑。以后每钻进一定深度，钻头退出排屑一次。

（4）直径大于30mm的孔可分两次钻削，先用0.5～0.7倍孔径钻头钻孔，然后再用所需孔径的钻头扩孔，以保护钻床和提高钻孔质量。

（5）在斜面上钻孔时，应先錾出一个与钻头相垂直的平面，或者先将工件放平，钻出一浅坑后，再进行钻孔。

（6）若两种材料不同，则在钻骑缝螺钉孔前，钻孔中心样冲眼要打偏在硬材料零件上，也就是钻孔时钻头要往硬材料一边"借"，由于两种材料切削抗力不同，钻削过程中钻头朝软材料一边偏移，最后钻出的孔正好在两个零件中间。

2.5.2　扩孔和锪孔操作

1. 扩孔

如图 2-50 所示，用扩孔钻在原有孔的基础上进一步扩大孔径，并提高孔质量的加工方法称为扩孔，一般也在钻床上完成。

扩孔钻具有较好的刚度、导向性和切削稳定性，从而能在保证质量的前提下，增大切削用量。扩孔加工公差等级可达 IT10～IT9，表面粗糙度值为 $Ra12.5～Ra3.2\mu m$。扩孔加工一般应用于孔的半精加工和铰削前的预加工。

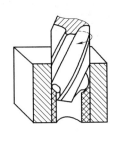

图 2-50　扩孔示意图

实际生产中，一般用麻花钻代替扩孔钻使用。扩孔钻多用于成批量扩孔加工。用麻花钻扩孔时，因横刃不参加切削，轴向切削抗力较小，此时适当减小钻头后角，防止扩孔时扎刀。

2. 锪孔

用锪钻或改制的钻头将孔口表面加工成一定形状的孔和平面的方法，称为锪孔。锪钻的种类很多，可以加工圆柱形沉头座、圆锥形沉头座、内端面（鱼眼坑）以及孔端的凸台等，如图2-51所示。

锪孔加工要点与钻孔方法基本相同，但锪孔时刀具容易振动，特别是使用麻花钻改制的锪钻，使所锪端面或锥面产生振痕，影响锪削质量，故锪孔时应注意以下几点：

（1）锪孔的切削用量，由于锪孔的切削面积小，锪钻的切削刃多，所以进给量为钻孔的 2～3 倍，切削速度为钻孔的 1/3～1/2。

（2）用麻花钻改制锪钻时，后角和外缘处前角适当减小，以防止扎刀。两切削刃要对称，保持切削平稳。尽量选用较短钻头

57

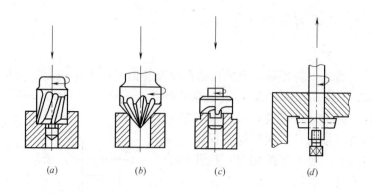

图 2-51　常见的锪孔示意图

(*a*) 圆柱孔；(*b*) 圆锥孔；(*c*) 凸台端面；(*d*) 内端面（鱼眼坑）

改制，减少振动。

（3）锪钻的刀杆和刀片装夹要牢固，工件夹持要稳定。

（4）锪钢件时，要在导柱和切削表面加机油或牛油润滑。

2.5.3　铰孔操作

用铰刀对孔进行精加工的方法称为铰孔，广泛地应用于精加工中小尺寸的圆孔。用于提高孔的尺寸精度和降低表面粗糙度。铰孔公差等级可达 IT9～IT7，表面粗糙度为 $Ra3.2～Ra0.8\mu m$。

铰刀是一种多刃刀具，按使用方法可分为手用铰刀和机用铰刀，按形状可分为圆柱铰刀，铰孔时切削刃不会在同一地点停歇而使孔壁产生凹痕，从而能将硬点切除，提高了铰孔质量。

1. 手工铰孔加工要点

（1）工件要夹正、夹紧力适当，防止工件变形，以免铰孔后零件变形部分回弹，影响孔的几何精度。

（2）手铰时，两手用力要均衡，保持铰削的稳定性，避免由于铰刀的摇摆而造成孔口喇叭状和孔径扩大。

（3）随着铰刀旋转，两手轻轻加压，使铰刀均匀进给。同时不断交换铰刀每次停歇的位置，防止连续在同一位置停歇而造成的振痕。

（4）铰削过程中或退出铰刀时，都不允许反转，否则将拉毛孔壁，甚至使铰刀崩刃。

（5）铰削过程中，如果铰刀被切屑卡住时，不能用猛力扳转铰杠，强行铰削，而应仔细地退出铰刀，将切屑清除。继续铰削时要缓慢进给，以免在原处再次被卡住。

（6）铰定位锥销孔时，两结合零件应位置正确，铰削过程中要经常用相配的锥销来检查铰孔尺寸，以防将孔铰深。一般用手按紧锥销时，其头部应高于工件表面 2～3mm，然后用铜锤敲紧。根据具体情况和要求，锥销头部可略低或略高于工件表面。

2. 机动铰孔加工要点

除应注意手工铰孔的各项要点外，还应注意以下几点。

（1）必须严格保证钻床主轴、铰刀和工件孔三者的同轴度。

（2）开始铰削时，为了引导铰刀顺利铰进，应采用手动进给。当切削部分进入孔内后，即改用机动进给，以获得均匀的进刀量。

（3）在铰不通孔时，为防止切屑刮伤孔壁，影响表面粗糙度，应在铰削过程中，经常退出铰刀，以清除粘附在铰刀上的切屑和孔内切屑。

（4）铰通孔时，铰刀校准部分不能全部出头，以免将孔的出口处刮坏。

（5）在铰削过程中，必须加冷却液，以利于润滑和降低切削温度。

（6）铰孔完毕，应不停车退出铰刀，以免停车退出时在孔壁拉出刀痕。

2.6 螺纹加工操作

2.6.1 攻丝操作

用丝锥（螺丝攻）在孔中切削加工内螺纹，称为攻丝或攻螺纹。

　　丝锥是加工内螺纹的刀具，用工具钢或高速钢制成后经淬火硬化处理。丝锥按加工方法分为手用丝锥和机用丝锥两种。手用的普通三角螺纹丝锥有三支一套（小于 M6 大于 M24）和两支一套（M6 至 M24、圆柱管丝锥）。从丝锥的螺纹纵截面形状分析可知，头锥、二锥和三锥的区别在于切入端牙型的完整情况：头锥被磨去较多部分，二锥次之，而三锥比较完整，如图 2-52 所示。

图 2-52　丝锥实物图

1. 攻丝底孔的直径计算

　　可根据被加工螺丝的外径、螺距和材料，通过查表或由以下经验公式计算来确定。

$$硬性材料\ D=d-1.1t \tag{2-1}$$

$$韧性材料\ D=d-t \tag{2-2}$$

式中　D——底孔直径（mm）；

　　　d——螺丝外径（mm）；

　　　t——螺距（mm）。

2. 手动攻丝操作

如图 2-53 所示，攻丝操作步骤如下：

（1）确定底孔直径后划好线并打上样冲，用合适的普通转头转底孔。

（2）用 90°锪钻（或改制的麻花钻头）对底孔进行倒角，倒角处的直径要稍大于底孔。

（3）把头锥装在绞手上并插入孔内，应使丝锥与工作表面垂直，右手握住铰杆中间，加适当的压力，并顺时针转动（左螺旋丝逆时针转动）。

（4）在丝锥吃入工件1～2圈时，检查丝锥与工件表面的垂直度，然后两手平稳的继续旋转绞手，这时不需要加压力。

（5）为了避免切屑过长而咬住丝锥，应经常向反方向转动约1/4圈，使切屑割断排出孔外。

（6）攻不通孔时，应在丝锥上作好深度标记，并经常取出丝锥，清理切屑，否则会因切屑堵塞而折断丝锥。

（7）攻丝时，应经常加润滑液，润滑液可选择乳化液或机油。

（8）头锥攻完后，再用二锥攻丝，在较硬的材料上攻丝时，头锥、二锥应交替使用，以防止丝锥被扭断。

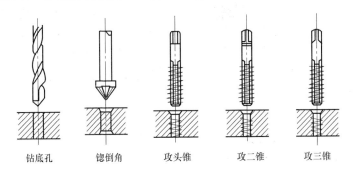

钻底孔　　　锪倒角　　　攻头锥　　　攻二锥　　　攻三锥

图 2-53　攻螺纹的步骤

3. 机动攻丝操作

（1）攻丝前应先选用合适的切削速度。

（2）当丝锥即将进入螺纹底孔时，进刀要慢，以防丝锥与螺孔发生撞击。

（3）在丝锥切削部分开始攻螺纹时，应在机床进刀手柄上施加均匀的压力，帮助丝锥切入工件。

（4）当切削部分全部切入工件时，应立即停止对进刀手柄施加压力，而靠螺纹丝锥自然旋进攻螺纹。

（5）攻通孔螺纹时，丝锥的校准部分不能全部攻出头，否则在开倒车退出丝锥时，会使螺纹产生烂牙。

2.6.2 套丝操作

用板牙在圆杆或管子外表面上切削加工外螺纹的方法，称为套丝（套螺纹）。

板牙有圆板牙、管螺纹板牙（分为圆柱、圆锥两种），圆板牙是加工外螺纹的刀具，如图 2-54 所示。是用碳素工具钢或高速钢制成并经淬硬处理。其外圆有四个锥坑和一条凹槽，借助铰手上的两个相应位置的螺钉紧固后，在套丝时传递力矩。

图 2-54 板牙

圆板牙铰手是装配紧定圆板牙的工具，铰手中间有一个直径与板牙外直径相等的圆孔，并加工有与圆板牙的凹坑相对应的螺孔，用来装固定圆牙的紧固螺钉，装圆板牙时要注意凹坑对正铰手的螺钉。

1. 圆杆直径计算

可通过经验公式算来确定。

$$D=d-0.13t \tag{2-3}$$

式中　D——圆杆直径（mm）；

　　　d——螺丝外径（mm）；

　　　t——螺距（mm）。

2. 手动套丝操作

（1）应先将圆杆端部倒呈 $15°\sim 20°$ 的斜角，便于板牙切入工件；锥体的最小直径应比螺丝内径小。

（2）将圆杆用硬木制成的 V 形块或厚铜板作衬垫用钳口夹

正、夹牢，套丝部分尽量靠近钳口。

（3）套丝时应保持板牙的端面与圆杆轴线垂直，加力适当。

（4）当板牙切入工件1～2圈时，校正丝锥与工件表面是否垂直。然后继续旋转（不加压）攻丝。

（5）为了使板牙切入工件，应在转动板牙时施加轴向压力，转动要慢，压力要大，待板牙已旋入切出螺纹时，可不再加压。

（6）套丝时，应时常向相反方向旋转，使切屑被割断，易于排出孔外，以提高螺纹质量和顺利进刀。

（7）套丝时，宜加乳化液或机油进行润滑和冷却，以降低螺纹表面的粗糙度和延长板牙寿命。

2.7 刮削操作

刮削用刮刀刮除工件表面薄层而达到精度要求的方法。刮削加工属于精加工。它具有切削量小、切削力小、产生热量小、加工方便和装夹变形小等特点。通过刮削后的工件表面，不仅能获得很高的形位精度、尺寸精度、接触精度、传动精度，还能形成比较均匀的浅凹坑，创造良好的存油条件。

2.7.1 刮削工具和显示剂

刮刀分有平面刮刀和曲面刮刀，常用的平面刮刀有直头刮刀和弯头刮刀两种，如图2-55所示。平面刮刀用来刮削平面和外

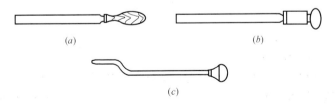

(a) *(b)*

(c)

图 2-55 平面刮刀

(a)、*(b)* 直头刮刀；*(c)* 弯头刮刀

曲面。常用的曲面刮刀有三角刮刀、蛇头刮刀和柳叶刮刀。曲面刮刀用来刮削内曲面时，其端部形状磨成平的；细刮和精刮时，其端部略为凸起，刃口成圆弧形。在砂轮机上刃磨刮刀时要经常用水冷却，防止磨削时发热而退火使刃口变软。

刮削工件表面通常配合标准表面，并辅之显示剂加以刮削。常用的显示剂有：红丹粉、普鲁士蓝油、烟墨油等。调制显示剂时，干稀要适当。一般粗刮时，可调得稀一些，精刮时可调得干一些。显示剂可涂在工件上，也可涂在标准表面上。涂在工件表面所显示的研点是不着色的黑点，不闪光。涂在标准表面上，工件表面只有高处着色，研点比较暗淡。

2.7.2 平面刮削操作

平面刮削时，常用刮削方法有手刮法和挺刮法两种，如图 2-56所示。

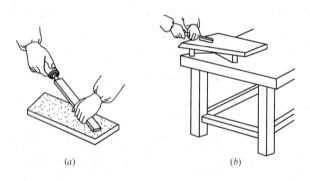

(a)   (b)

图 2-56 平面刮削方法
(a) 手刮法；(b) 挺刮法

1. 刮削步骤

平面刮削一般要经过粗刮、细刮、精刮和刮花。操作时要严格掌握各阶段刮削要求，在未达到阶段要求时，不要提前进行下阶段刮削，以提高刮削效率。

（1）粗刮阶段：刀迹宽、刀痕深，刮削量大。如工件表面有较深的加工刀痕，严重锈蚀或刮削余量较多（0.05mm 以上）时，都需要进行粗刮。粗刮的方向不应与机械加工留下的刀痕方向垂直，以免刮刀颤动刮出波纹。一般刮削方向与刀痕方向成 45°夹角，如图 2-57 所示。

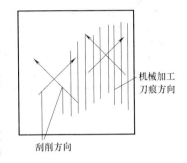

图 2-57　粗刮方向

要防止刀迹多次重复而造成局部深凹，致使在细刮、精刮时刮不出点。有尺寸精度及几何精度要求的刮削面，在粗刮时就应达到基本要求。当刮削到 3～4 点/（25mm×25mm）时，粗刮即可转入细刮阶段。

（2）细刮阶段：在粗刮的基础上，把已贴合的点子刮去，使一个贴合点变成几个贴合点，从而增加贴合的数目，直到符合所要求的表面。刀迹、刀痕都较粗刮减小，使研点不断增多，当整个刮削面上研点均匀，直至 12～14 点/（25mm×25mm），细刮即可转入精刮阶段。

（3）精刮阶段：是在细刮的基础上，再进一步提高表面质量。精刮时，每刀必须刮在研点上，点子越多，刀痕要越小，刮时要越轻。刀迹更小，一般刀迹长为 5mm，只需刮去最高的点子，逐步增多研点数，以达到研点数的要求，故又称点刮法。

（4）刮花阶段：在已刮好的工件表面上用刮刀刮去极薄的一层金属，形成花纹以改善润滑。在接触精度要求高、研点要求多的工件上，不应该刮成大块花纹，否则不能达到所要求的刮削精度。一般常见的花纹有斜纹花纹、鱼鳞花纹和半月花纹等几种，如图 2-58 所示。

2. 刮削精度检验

（1）按 25mm×25mm 的正方形框内的显点数来检验，如图 2-59所示。技术文件无明确规定时，其检验标准可参见表 2-1。

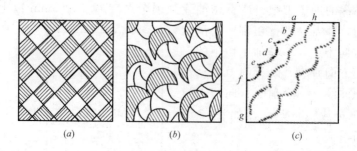

図 2-58　刮花的花纹

(*a*) 斜纹花纹；(*b*) 鱼鳞花纹；(*c*) 半月花纹

a、*b*······为刮刀顺序

各种平面接触精度研点数　　　　　表 2-1

平面种类	每 25mm×25mm 内的研点数	应用举例
一般平面	2~5	较粗糙机件的固定结合面
	5~8	一般结合面
	8~12	机器台面、一般基准面、机床导向面、密封结合面
	12~16	机床导轨及导向面、工具基准面、量具接触面
精密平面	16~20	精密机床导轨、直尺
	20~25	1 级平板、精密量具
超精密平面	>25	0 级平板、高精度机床导轨、精密量具

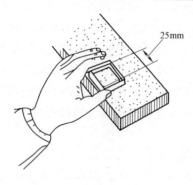

图 2-59　用方框检查示意图

66

（2）用精密量具进行形位精度的检验。如用水平仪测量平面度（图 2-60）、直线度等。

（3）用目测法检查表面刮痕。

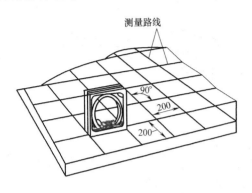

图 2-60　用水平仪检查示意图

2.7.3　曲面刮削

滑动轴承的刮削是曲面刮削中最典型的实例，在生产中运用较广泛。现以此为例介绍曲面刮削的过程。滑动轴承刮研应根据其不同形状和不同的刮削要求，选择合适的刮刀和显点方法。一般是标准轴（工艺轴），或与其配合的轴作为内曲面研点的校准工具。

显点方法是将蓝油均匀地涂在轴的圆周面上，或用红丹粉涂布在轴承孔表面，用轴在轴承孔中来回旋转。

1. 刮削操作

刮削前准备若干把曲面刮刀以及油石、显示剂、毛刷等用具。将工件去毛刺，并做好清理工作。

（1）粗刮阶段：先对滑动轴承单独进行粗刮，去除机械加工的刀痕。

（2）细刮阶段：刮削方法是根据研点，用曲面刮刀在曲面内接触点上做螺旋运动刮除研点，直至研点正确，精度符合要求，如图 2-61（a）所示。

（3）精刮阶段：在细刮的基础上用小刀迹进行精刮，使研点小而多，从而改善滑动轴承的接触精度，提高滑动轴承润滑效果，如图 2-61（b）所示。

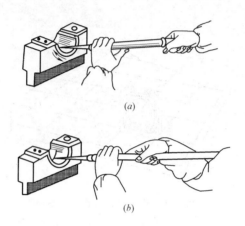

(a)

(b)

图 2-61 滑动轴承的刮削

2. 刮削精度检验

根据接触精度要求，滑动轴承的研点数技术文件无明确规定时，参见表 2-2。

滑动轴承的研点数　　　　　　　　　　表 2-2

轴承直径(mm)	机床或精密机械主轴轴承			锻压设备、通用机械的轴承		动力机械、冶金设备的轴承	
	高精度	精密	普通	重要	普通	重要	普通
	每 25mm×25mm 内的研点数						
＜120	25	20	16	12	8	8	5
＞120		16	10	8	6	6	2

2.8 研磨操作

研磨是研磨工具和研磨剂，从工件上研去一层极薄表面层的

68

精加工方法，使工件具有准确的形状、尺寸和很小的表面粗糙度。研磨常和刮削配合进行。通过研磨后的工件尺寸精度达到 $0.05 \sim 0.01$mm，粗糙度可达到 $Ra1.6 \sim Ra0.1$，最细可达到 $Ra0.012$。

研磨方法有平面研磨、圆柱面研磨和圆锥面研磨。根据研磨表面的形状，选择研磨平板或研磨棒。研磨分粗研和精研。

2.8.1 研磨用具和研磨剂

1. 研磨工具

常用的研磨工具有：研磨平板、研磨环、研磨棒等。选用时按工件表面形状而定。

（1）研磨平板：主要用来研磨平面，如图 2-62 所示。有槽平板用于粗研，光滑平板用于精研。

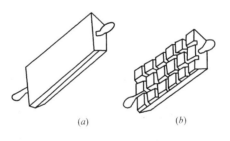

图 2-62 研磨平板

（a）光滑平板；（b）有槽平板

（2）研磨环：主要用来研磨圆柱外表面，研磨环的内径比工件的外径大 $0.025 \sim 0.05$mm，如图 2-63 所示。

（3）研磨棒：主要用于圆柱孔的研磨，有固定式和可调节式两种，如图 2-64 所示，固定式研磨棒制造容易，但磨损后无法补偿，多用于单件研磨或机修中。可调节研磨棒的尺寸能调节，适于成批生产，应用较广。

2. 研磨剂

由磨料和研磨液混合而成的一种混合剂。

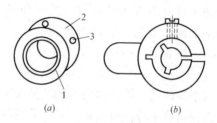

图 2-63 研磨环

(a) 外形图；(b) 剖视图

1—开口调节圈；2—外圈；3—调节螺钉

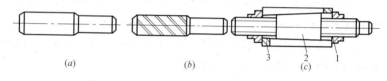

图 2-64 研磨棒

(a) 固定式光滑研磨棒；(b) 固定式带槽研磨棒；(c) 可调节式研磨棒

1—调节螺母；2—心轴；3—研磨套

磨料：磨料在研磨中起切削的作用。磨料的粗细用粒度表示，有氧化铝系列、碳化物系列和金刚石系列等。其中金刚石系列硬度最硬，用于精研磨和粗研磨。

研磨液：在研磨过程中起润滑冷却作用。使研磨表面不易划伤，并能提高表面研磨精度。常用的有机油、煤油。

2.8.2 平面研磨方法

在平面研磨中，粗研时采用表面带沟槽的平板，精研时用光滑平板。

平面研磨的运动轨迹：平面研磨一般采用直线、螺旋线 8 字形线路等轨迹，如图 2-65 所示。

先用煤油或汽油把研磨平板的工作表面清洗、擦干，再加研磨剂，然后把待研磨面合在研板上，沿研磨平板的全部表面以"8"字形或螺旋形的旋转和直线运动相结合的方式进行研磨，并

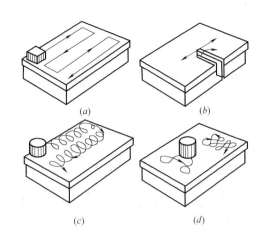

图 2-65　平面研磨运动轨迹

(a) 直线；(b) 直线摆动；(c) 螺旋形；(d) "8" 字形和仿 "8" 字形

不断地变更工件的运动方向，直至达到精度要求。

在研磨狭窄平面时，可用导靠块作依靠进行研磨，且采用直线研磨运动轨迹。

2.8.3　圆柱面研磨方法

1. 手工研磨外圆柱面

先在工件（或研具）圆柱面上涂上一层薄而均匀的研磨剂，把工件（或研具）装入后，夹持在台虎钳上，用手握住工件（或研具）作正、反方向转动的同时，又作轴向往复移动，保持工件的整个研磨面得到均匀的研削。研磨环的长度为孔径的 1～2 倍，研棒的长度要比工件长 2～3 倍。

2. 机械配合手工研磨外圆柱面

这种方法是把工件（或研具）装夹在机床上，工件（或研具）表面涂一层薄而均匀的研磨剂，套上研磨环（或工件），调整好研磨间隙，按研磨速度确定转速及往复行程速度，使研磨出来的网纹呈 45°交角为宜，如图 2-66 所示。

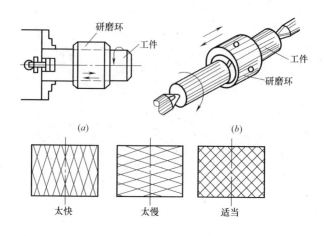

(a)　　　　　　　　　　　　(b)

太快　　　　　　　　太慢　　　　　　　　适当

图 2-66　外圆柱面研磨及研磨网纹的要求

(a) 外圆柱面研磨；(b) 研磨网纹要求

3. 研磨内圆柱面

内圆柱面的研磨是将工件套在研磨棒上进行。研磨时，将研磨棒夹在机床卡盘上，把工件套在研磨棒上进行研磨。机体上大尺寸孔，应尽量置于垂直地面方向，进行手工研磨。

2.8.4　研磨圆锥面

工件圆锥表面的研磨，其研套工作部分的长度应是工件研磨长度的 1.5 倍左右，锥角必须与工件锥度相同，如图 2-67 所示。

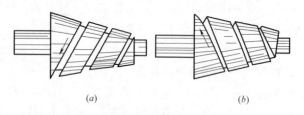

(a)　　　　　　　　　　　　(b)

图 2-67　圆锥面研磨

(a) 左向螺旋槽；(b) 右向螺纹槽

研磨时，一般在车床或钻床上进行，在研棒上均匀涂上研磨剂，插入工件锥孔中或套进工件的外锥表面旋转 4～5 圈后，将研具稍微拔出一些，然后再推入研磨。研磨到接近要求时，取下研具，擦净研磨剂，重复套上研磨（起抛光作用），一直到被加工表面呈银灰色或发光为止。

2.9 旋转件静平衡、动平衡试验

具有一定转速的转动零件和部件（带轮、飞轮、叶轮及各种转子等），在装配后必须进行平衡测试。平衡的目的在于消除零件或部件的不平衡质量，从而消除机器在运转时由于离心力所引起的振动。产生不平衡的原因有：材料密度不匀、本身形状对旋转中心不对称、加工或装配产生误差等。

对旋转零件作消除不平衡的工作，称为平衡。旋转件静不平衡的消除称为静平衡法；而动不平衡的消除称为动平衡法。

2.9.1 静平衡

静平衡是消除旋转零部件在径向位置上的偏重。静平衡主要适用于长径比小于 0.2 的盘类零件。静平衡通常在圆柱式平衡架或菱形平衡架上进行，如图 2-68 所示。此外，还有一种平衡架，可通过调整一端的升降位置来平衡两端轴径不等的旋转件。

圆柱式平衡架　　　　　　菱形平衡架

图 2-68　平衡架

1. 静平衡的步骤

（1）将待平衡的旋转件装上心轴后，放在平衡支架上。支承面应坚硬、光滑，并有较高直线度、平行度，准确调至水平。以使旋转件在其上滚动时有较高灵敏度。

（2）用手将摆动的旋转零部件某一点阻停于平衡架上，如图 2-69（a）所示，在平行于圆柱支承上作出记号 1，然后把旋转零部件反转到某一角度，如图 2-69（b）所示，使其停止，作出记号 2；再反转到另一角度阻停，如图 2-69（c）所示，作出记号 3。作记号 1 和记号 3 的中点 4，再作 4 与记号 2 的中点 5，如图 2-69（d）所示。则重心偏移位置必定在记号 5 与旋转中心的连线上。

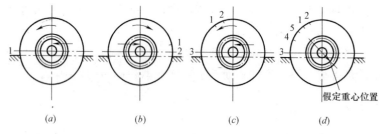

图 2-69　三次摆动重心平衡法

（3）找到重心后，可通过去重法，例如：在重心偏移的方向上用钻、錾、锉等方法去掉一些材料，使其达到平衡。另一种方法是配重法，例如：在重心偏移的相反方向用焊、铆等方法，使其增加一些重量来达到平衡。

2. 静平衡应用

静平衡只能平衡旋转件重心的不平衡，无法消除不平衡力矩。因此，静平衡只适用于"长径比"较小（如盘类旋转件）或长径比虽较大但转速不太高的旋转件。

2.9.2　动平衡

对于长径比较大或转速较高的旋转件，通常都要进行动平衡。动平衡不仅要平衡离心力，而且还要平衡离心力所组成的力矩。

某些旋转组件经静平衡后，还需要在动平衡机和动平衡仪上进行分组平衡。

动平衡在动平衡机上进行，常用的动平衡机有弹性支梁动平衡机、框架式动平衡机和电子动平衡机等。

2.10　孔件与轴件的冷、热装配

孔件与轴件等零件之间的配合，由于工作情况不同，可分为间隙配合、过盈配合和过渡配合。其中过盈配合在机械零件的连接中应用十分广泛。过盈配合是指轴的实际尺寸大于孔的实际尺寸的配合。

过盈配合装配方法常用的有冷态装配和温差法装配。过盈配合装配前应测量孔和轴的配合部位尺寸及进入端倒角角度与尺寸。测量孔和轴时，应在各位置的同一径向平面上互呈 90°方向各测一次，求出实测过盈量平均值。

2.10.1　冷态装配

冷态装配是指在不加热也不冷却的情况下进行压入装配。压入配合应考虑压入时所需要的压力和压入速度。

冷态装配时，为保证装配工作质量，应遵守下列几项规定：

（1）装配前，应检查互配表面有无毛刺、凹陷、麻点等缺陷。

（2）被压入的零件应有导向装配，以免歪斜而引起零件表面的损伤。

（3）为了便于压入，压入件先压入的一端应有 1.5～2mm 的圆角或 30°～45°的倒角，以便对准中心和避免零件的棱角边把互配零件的表面刮伤。

（4）压入零件前，应在零件表面涂一薄层不含二硫化钼添加剂的润滑油，以减少表面刮伤和装配压力。

2.10.2 温差法装配

温差法装配的零件，其连接强度比常温下零件的连接强度要大得多。过盈量大于 0.1mm 时，宜采用温差法装配。零件加热温度，对于未经热处理的装配件，碳钢的加热温度应小于 400℃；经过热处理的装配件，加热温度应小于回火温度。温度过高，零件的内部组织就会改变，且零件容易变形而影响零件的质量。

横向过盈连接的装配宜采用温差法；加热包容件时，加热应均匀，不得产生局部过热；未经热处理的装配件，加热温度应小于 400℃；经过热处理的装配件，加热温度应小于回火温度。

1. 装配要求

温差法装配时，应按随机技术文件规定，检查装配件的相互位置及相关尺寸；加热或冷却均不得使其温度变化过快，并应采取防止发生火灾及人员被灼伤或冻伤的措施。

2. 最小装配间隙

横向过盈连接采用温差法装配时，其最小装配间隙可按表 2-3 的规定确定。

横向过盈连接采用温差法装配时的最小装配间隙（mm）

表 2-3

配合直径	≤3	>3～6	>6～10	>10～18	>18～30	>30～50	>50～80
最小间隙	0.003	0.006	0.010	0.018	0.030	0.050	0.059
配合直径	>80～120	>120～180	>180～250	>250～315	>315～400	>400～500	—
最小间隙	0.069	0.079	0.090	0.101	0.111	0.123	—

3. 包容件的加热温度计算

横向过盈连接采用温差法装配时，包容件的加热温度可按下式计算：

$$t_r = \frac{Y_{max} + \Delta}{\alpha_2 \cdot d_3} + t \qquad (2\text{-}4)$$

式中 t_r——包容件的加热温度（℃）；

$\quad Y_{max}$——最大过盈值（mm）；

$\quad \alpha_2$——加热线膨胀系数（10^{-6}/℃）按表 2-4 的规定确定；

$\quad d_3$——配合直径（mm）；

$\quad t$——环境温度（℃）。

4. 被包容件的冷却温度计算

横向过盈连接采用温差法装配时，被包容件的冷却温度，可按下式计算：

$$t_1 = \frac{Y_{max} + \Delta}{\alpha_2 \cdot d_3} + t \qquad (2\text{-}5)$$

式中 t_1——被包容件的冷却温度（℃）；

$\quad \alpha_2$——冷却线膨胀系数（10^{-6}/℃），可按表 2-4 的规定确定。

弹性模量、泊松系数和线膨胀系数　表 2-4

材料	弹性模量（kN/mm²）	泊松系数	线膨胀系数（10^{-6}/℃）	
			加热	冷却
碳钢、低合金钢、合金结构钢	200～235	0.30～0.31	11	−8.5
灰口铸铁 HT150 HT200	70～80	0.24～0.25	11	−9
灰口铸铁 HT250 HT300	105～130	0.24～0.26	10	−8
可锻铸铁	90～100	0.25	10	−8
非合金球墨铸铁	160～180	0.28～0.29	10	−8
青铜	85	0.35	17	−15
黄铜	80	0.36～0.37	18	−16
铝合金	69	0.32～0.36	21	−20
镁合金	40	0.25～0.30	25.5	−25

77

2.10.3 热装配加热方法

热装配加热方法常用的有木柴（或焦炭）、氧、乙炔加热、热油加热、蒸汽加热和电感应加热。

热油装配时，机油加热温度不应超过 100～120℃。使用蒸汽将包容件加热的蒸汽加热法，若使用过热蒸汽加热机件时，其加热温度可以比在机油中的加热温度略高，但应注意防止机件加工面生锈。

热装配前应作好如下准备工作：

（1）仔细检查被装配零件的实际尺寸是否符合设计要求，并以此计算膨胀量和加热温度。

（2）根据实际情况确定合适的加热方法，并做好加热的各项准备工作。

（3）考虑好装配的工作位置，操作程序和方法，必要时应先做好练习。

（4）如果是大件热装配，应编写施工方案，准备好翻转、起吊机具等。

2.10.4 冷却装配

对于包容件的尺寸较大的，热装配时不但需要花费很大能量和时间，而且还需要特殊装置和设备，这种零件装配时，一般选择冷却装配法。常用的冷却方式见表 2-5。

冷却装配法常用的冷却方式　　　　　　　　　表 2-5

冷却温度(℃)	冷却方式
冷至—78	干冰
冷至—120	液氨
冷至—195	液氮

3 典型零部件装配

3.1 螺栓连接装配及预紧力控制

3.1.1 连接要求

1. 螺栓或螺钉连接紧固

（1）螺栓紧固时，宜采用呆扳手，不得使用打击法和超过螺栓的许用应力。

（2）多只螺栓或螺钉连接同一装配件紧固时，各螺栓或螺钉应交叉、对称和均匀地拧紧。当有定位销时应从靠近该销的螺栓或螺钉开始均匀拧紧。

应根据被连接件的形状与螺栓的分布情况，按照从中间开始，逐渐向四周对角对称扩展，分次逐步拧紧，如图 3-1 所示。

（3）螺栓头、螺母与被连接件的接触应紧密；对接触面积和接触间隙有特殊要求时，尚应按规定的要求进行检验。

（4）螺栓与螺母拧紧后，螺栓应露出螺母 2～3 个螺距，其支承面应与被紧固零件贴合；沉头螺钉紧固后，沉头应埋入机件内，不得外露。

（5）有锁紧要求的螺栓，拧紧后应按其规定进行锁紧；用双螺母锁紧时，应先装薄螺母后装厚螺母；每个螺母下面不得用两个相同的垫圈。

2. 特殊螺栓

（1）精制螺栓和高强度螺栓装配前，应按设计要求检验螺孔直径的尺寸和加工精度。

（2）不锈钢、铜、铝等材质的螺栓装配时，应在螺纹部分涂

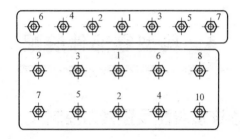

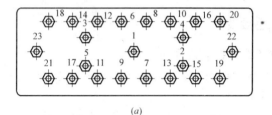

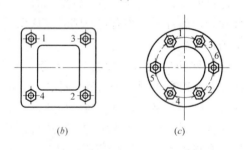

(a)

(b)　　　　　　　　(c)

图 3-1　拧紧螺母次序示意图

（a）长方形；（b）方形；（c）圆形

抹防咬合剂。

3.1.2　螺栓装配

1. 高强度螺栓的装配

（1）高强度螺栓在装配前，应按设计要求检查和处理被连接件的接合面；装配时，接合面应保持干燥，严禁在雨中进行装配。

（2）不得用高强度螺栓兼做临时螺栓。

（3）安装高强度螺栓时，不得强行穿入螺栓孔；当不能自由穿入时，该孔应用铰刀修整，铰孔前应将四周螺栓全部拧紧，修整后孔的最大直径应小于螺栓直径的 1.2 倍。

（4）组装螺栓连接副时，垫圈有倒角的一侧应朝向螺母支撑面。

（5）高强度螺栓的初拧、复拧和终拧应在同一天内完成。

高强度螺栓的紧固是用专门扳手拧紧螺母，使螺杆内产生要求的拉力。应定期校正电动扳手或手动扳手的扭矩值使其偏差不大于 ±5%，严格控制超拧。

2. 大六角头高强度螺栓装配

大六角头高强度螺栓装配除应符合上述"高强度螺栓的装配"外，尚应符合下列要求：

（1）大六角头高强度螺栓的终拧扭矩值，宜按下式计算：

$$T_C = KP_c d \tag{3-1}$$

式中　T_C——终拧扭矩值（N・m）；

　　　P_c——施工预紧力（kN），按表 3-1 的规定确定；

　　　K——扭矩系数，取 0.11～0.15；

　　　d——螺栓公称直径（mm）。

大六角头高强度螺栓的施工预紧力　　　　表 3-1

螺栓性能等级	螺栓公称直径(mm)						
	M12	M16	M20	(M22)	M24	(M27)	M30
	施工预紧力(kN)						
8.8S	45	75	120	150	170	225	275
10.9S	60	110	170	210	250	320	390

（2）施工所用的扭矩扳手，每次使用前必须校正，其扭矩偏差不得大于 ±5%，并应在合格后使用；校正用的扭矩扳手，其扭矩允许偏差为 ±3%。

（3）大六角头高强度螺栓的拧紧应分为初拧和终拧；对于大

型节点应分为初拧、复拧和终拧；初拧扭矩应为终拧扭矩值的50％，复拧扭矩应等于初拧扭矩，初拧或复拧后的高强度螺栓应在螺母上涂上标记，然后按终拧扭矩值进行终拧，终拧后的螺栓应用另一种颜色在螺母上涂上标记，如图3-2所示。

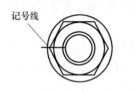

记号线　　　　　　　　　　　　初拧标志线　　　　　终拧后的标志线

图 3-2　高强度螺栓初拧和终拧标志线示意图

（4）螺栓拧紧时，应只准在螺母上施加扭矩。

3. 扭剪型高强度螺栓装配

扭剪型高强度螺栓装配，应符合"高强度螺栓的装配""大六角头高强度螺栓装配"的要求。

终拧时，应拧掉螺栓尾部的梅花头。对于个别不能用专用扳手终拧的螺栓，其终拧扭矩值计算时，扭矩系数宜取 0.13。

扭剪型高强度螺栓终拧过程如下：

（1）先将扳手内套筒套入梅花头上，再轻压扳手，再将外套筒套在螺母上。完成本项操作后最好晃动一下扳手，确认内、外套筒均已套好，且调整套筒与连接板面垂直。

（2）按下扳手开关，外套筒旋转，直至切口拧断。

（3）切口断裂，扳手开关关闭，将外套筒从螺母上卸下，此时注意拿稳扳手，特别是高空作业。

（4）启动顶杆开关，将内套筒中已拧掉的梅花头顶出，梅花头应收集在专用容器内，禁止随便丢弃。

图 3-3 为扭剪型高强度螺栓连接副终拧示意图。

4. 双头螺栓装配

（1）常用拧紧双头螺栓的方法有：用两个螺母拧紧（图3-4）、用长螺母拧紧（图3-5）等。

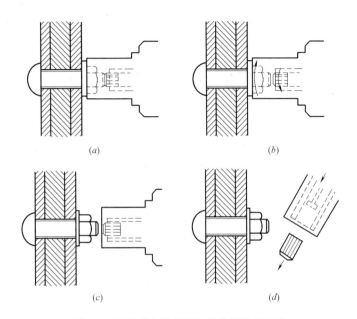

图 3-3 扭剪型高强度螺栓连接副终拧示意

（a）扳手内套筒套入梅花头；（b）拧紧螺母；

（c）拧掉梅花头；（d）将梅花头顶出

（2）螺栓与机体的配合不宜松旷或过紧，螺栓拧入后应采用如图 3-6 所示的方法，以达到配合的紧固性。当螺栓装入软材料机体时，其过盈量应适当大一些。

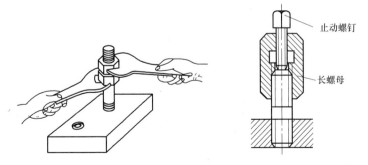

图 3-4　用两个螺母拧紧双头螺柱　　图 3-5　用长螺母拧紧双头螺柱

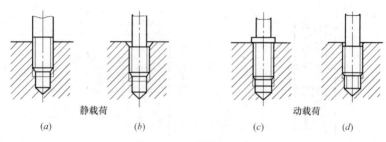

静载荷　　　　　　　　　　　　　　　动载荷

(a)　　　　　　(b)　　　　　　　(c)　　　　　(d)

图 3-6　双头螺栓紧固方法

(a) 螺纹受力；(b) 径向过盈；(c) 凸肩受力；(d) 端部受力

（3）双头螺栓的轴线应与机体表面垂直。偏斜较小时，可把螺柱旋出，用丝锥校正螺孔；偏斜较大时，不得强行校正。

（4）装入双头螺栓时，应在螺纹部分加润滑油，带丝的丝扣部分，应能全部拧入机体内，丝扣应低于法兰平面。

3.1.3　螺栓连接的常用防松措施

螺栓连接的常用防松措施，见表 3-2、表 3-3。

螺栓连接的常用防松装置（增大摩擦力）　　　　表 3-2

类别	图示	特点及应用
弹簧垫圈		靠垫圈弹力止退。结构简单，但弹力不均，用于一般场合
对顶螺母		两螺母对顶拧紧，螺栓旋合段受拉而螺母受压，从而使螺纹副纵向压紧

类别	图示	特点及应用
金属锁紧螺母	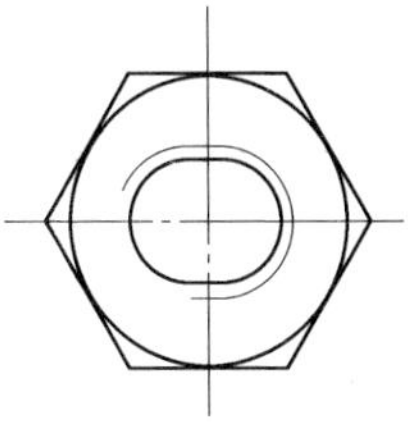	利用螺母末端椭圆口的弹性变形箍紧螺栓,横向压紧螺纹
尼龙圈锁紧螺母	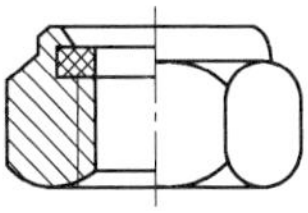	利用螺母末端的尼龙圈箍紧螺栓,横向压紧螺纹
楔紧螺纹锁紧螺母	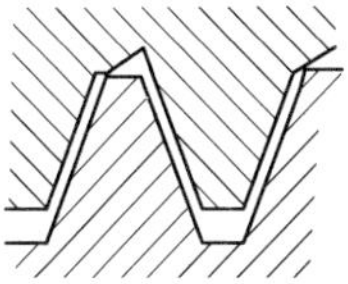	利用楔紧螺纹,使螺纹副纵横压紧

螺栓连接的常用防松装置（直接锁住） 表 3-3

类别	图示	特点及应用
串联钢丝	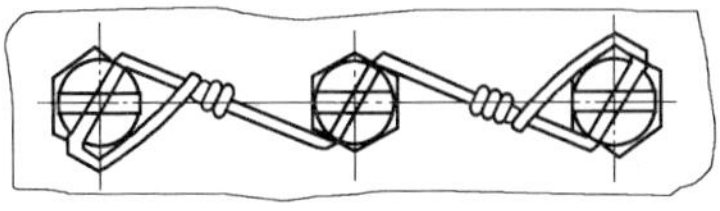	靠钢丝控制螺栓转动止退,用于螺栓间距较近的场合,穿插钢丝应注意方向防止螺栓松向旋转,有松动趋势时,金属丝更加拉紧
开口销	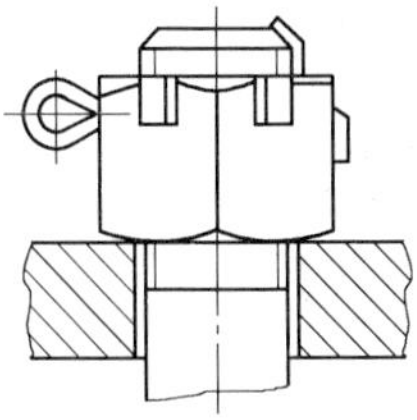	利用开口销防止螺母后退,但不能防止螺母松动,适用于重要的场合

续表

类别	图示	特点及应用
止退垫片	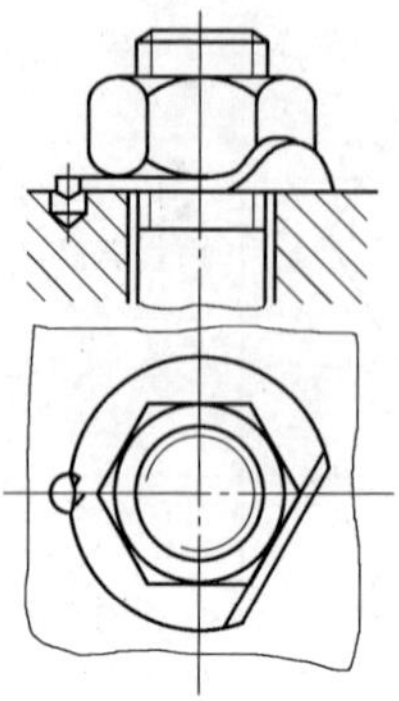	利用垫片的折边止退,放松可靠,但装配需要能够折边的操作空间
焊点止退	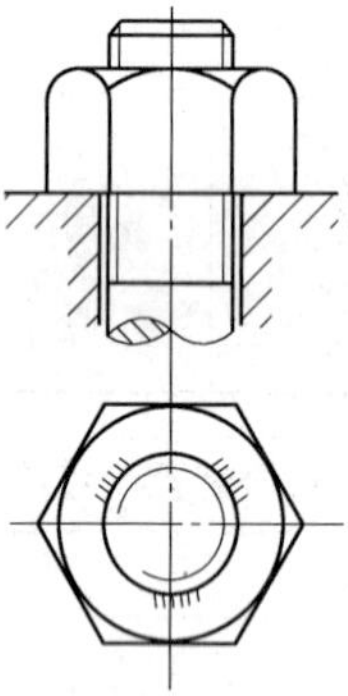	利用焊点,破坏螺纹
冲点止退	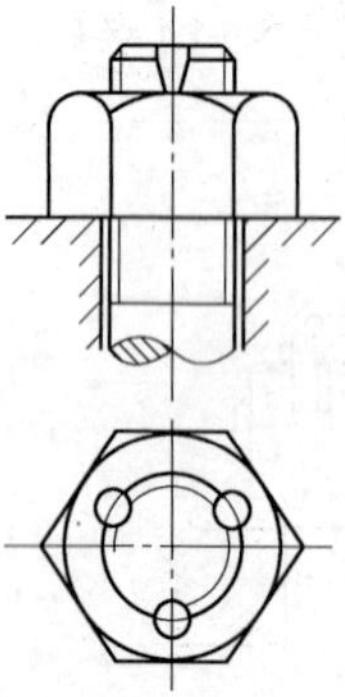	利用中点,破坏螺纹

3.1.4 螺栓连接预紧力控制

螺栓连接应根据控制预紧力的方式不同，采用表 3-4 所列的各种装配方法，并按以下各式计算相关控制参数。

螺栓连接预紧力控制方法　　　　表 3-4

分类		控制方法	说明
定力矩扳手法		使用定力矩扳手控制	定力矩扳手使用前应校核。该方法误差较大
扭角法		螺母拧紧到消除间隙后，再继续扭转一定角度来控制预紧力	无需专用工具，操作简便。易出现螺栓拉伸变形，应力分布不均、误差较大
扭断螺母(杆)法		预先在螺母或螺杆上切出一定深度的环形槽，在紧固力矩达到预定要求时扭断	操作简便。螺母或螺栓不能重复使用、误差比上一种小
加热拉伸法	火焰加热	将螺杆加热到近 300℃，使螺栓伸长，拧螺母到贴靠被连接件，再按照预定的扭转角度拧紧螺母	用喷灯或氧-乙炔加热
	电阻加热		将加热棒插入空心螺栓内或将加热履带包于螺栓光杆段加热螺杆
	电感加热		导线绕在螺栓光杆段加热
	蒸汽加热		将蒸汽导入空心螺栓加热螺杆
伸长量控制法		预先算出螺栓受力后的伸长量，在紧螺母过程中测量螺栓伸长量	边紧固边用千分尺跨测螺栓长度，能精确控制预紧力

（1）螺栓刚度及被连接件刚度（图 3-7）的计算如下。

1）螺栓刚度可按下式计算：

$$C_{\mathrm{L}} = \cfrac{E_{\mathrm{L}}}{\cfrac{L_1}{A_1} + \cfrac{L_2}{A_2} + \cfrac{L_3}{A_3} \cdots\cdots} \qquad (3\text{-}2)$$

2）被连接件刚度可按下式计算：

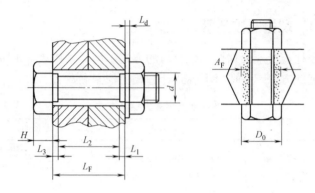

图 3-7　螺栓连接

L_F—被连接件受压总厚度（mm）；L_d—垫片厚度（mm），d—螺栓直径（mm）；

A_F—被连接件包括垫片的当量受压面积；D_0—被连接件当量外径（mm）；

H—螺母的厚度；L_1、L_2、L_3—螺栓各段长度（mm）

$$C_F = \dfrac{A_F}{\dfrac{L_F}{E_F} + \dfrac{L_d}{E_d}} \qquad (3\text{-}3)$$

式中　　C_L——螺栓刚度（N/mm）；

$\qquad\quad$ C_F——被连接件刚度（N/mm）；

$\qquad\quad$ E_L——螺栓材料弹性模量（N/mm²）；

$\qquad\quad$ E_F——被连接件材料弹性模量（N/mm²）；

$\qquad\quad$ E_d——垫片材料弹性模量（N/mm²）；

L_1、L_2、L_3——螺栓各段长度（mm）；

A_1、A_2、A_3——螺栓各段剖面面积（mm²）；

$\qquad\quad$ L_F——被连接件受压总厚度（mm）；

$\qquad\quad$ L_d——垫片厚度（mm）；

$\qquad\quad$ A_F——被连接件包括垫片的当量受压面积（mm²）。

（2）可控制螺栓紧固后的长度（图 3-8），螺栓紧固后的长度可按下式计算：

$$L_m = L_S + \dfrac{P_0}{C_L} \qquad (3\text{-}4)$$

式中　L_m——螺栓紧固后的长度（mm）；

88

L_S——螺栓与被连接件间隙为零时的原始长度（mm）；

P_0——预紧力（N）；

C_L——螺栓刚度（N/mm），可按上述（1）计算。

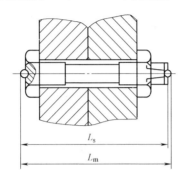

图 3-8　紧固后的螺栓

L_m—螺栓紧固后的长度；

L_S—螺栓与被连接件间隙为零时的原始长度

（3）大直径的螺栓可采用液压拉伸法进行紧固，螺栓紧固后的长度值可按下式计算：

$$L_m = L_S + P_0\left(\frac{1}{C_L} + \frac{1}{C_F}\right) \tag{3-5}$$

式中　C_F——被连接件刚度（N/mm），可按上述（1）计算。

（4）大直径的螺栓亦可采用加热伸长法控制螺栓紧固，螺栓紧固后的长度可按式（3-5）计算，钢制螺栓加热温度不得超过 400℃。

（5）采用螺母转角法紧固时（图 3-9），其螺母转角法的角度可按下式计算：

$$\theta = \frac{360}{t} \cdot \frac{P_0}{C_L} \tag{3-6}$$

式中　θ——螺母转角法的角度值（°）；

t——螺距（mm）。

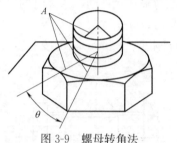

图 3-9　螺母转角法

θ—螺母转角法的角度值；A—转角标记

3.2　键、销连接装配与紧固

3.2.1　键的装配

键主要用于轴和毂零件（如齿轮、蜗轮等），实现周向固定以传递扭矩的轴毂连接。其中，有些还能实现轴向以传递轴向力，有些则能构成轴向动连接。

1. 常用键连接的特点及应用

常用键连接的特点及应用，见表 3-5。

常用键连接的特点及应用　　　　　　　　　　表 3-5

名称	类型	图形	特点	应用
平键	普通平键	 A B C	靠侧面传递转矩，对中良好，装拆方便。不能实现轴上零件的轴向固定	A 型用于端铣刀加工的轴槽，键在槽中轴向固定良好，但槽在轴上引起的应力集中较大。 B 型应用盘铣刀加工的轴槽，轴的应力集中较小。 C 型用于轴端	应用最广，也适用于高精度、高速或承受变载、冲击的场合，如在轴上固定齿轮、链轮和凸轮等回转零件。 薄型平键适用于薄壁结构

90

名称	类型	图形	特点	应用
平键	导向平键		靠侧面传递转矩,对中良好,装拆方便。不能实现轴上零件的轴向固定	键用螺钉固定在轴上,键与毂槽为动配合,轴上零件能作轴向移动。为了拆卸方便,设有起键螺孔	用于轴上零件轴向移动量不大的场合,如变速箱中的滑移齿轮
	滑键			键固定在轮毂上,轴上零件能带键作轴向移动	用于轴上零件轴向移动量较大的场合
半圆键			靠侧面传递转矩。键在轴槽中能绕槽底圆弧曲率中心摆动,装配方便。键槽较深,对轴的削弱较大		一般用于轻载,适用于轴的锥形端部
楔键	普通楔键	斜度1:100	键的上下两面是工作面。键的上表面和毂槽的底面各有1:100的斜度,装配时需打入,靠楔紧作用传递转矩。能轴向固定零件和传递单向轴向力。但使轴上零件与轴的配合产生偏心与偏斜		用于精度要求不高,转速较低时传递较大的、双向的或有振动的转矩。如在外部轴端上固定带轮,电机轴上固定带轮等一些结构简单紧凑的地方。有钩头,用于不能从另一端将键打入的场合。钩头供拆卸用,应注意加保护罩
	钩头楔键	斜度1:100			

91

2. 键的装配

（1）键的表面不应有裂纹、浮锈、氧化皮和条痕、凹痕及毛刺，键和键槽的表面粗糙度、平面度和尺寸在装配前均应检验且符合规定。

（2）平键装配时，键的两端不得翘起。平键与固定键的键槽两侧面应紧密接触，其配合面不得有间隙；如图 3-10 所示。

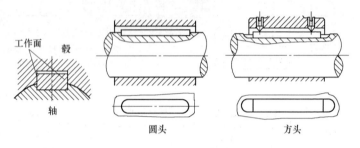

图 3-10　普通平键连接

（3）导向键和半圆键，两个侧面与键槽应紧密接触，与轮毂键槽底面应有间隙。

（4）楔键和钩头楔键的上、下面，与轴和轮毂的键槽底面的接触面积不应小于 70%，且不接触部分不得集中于一段；外露部分的长度 h 应为斜面长度的 10%～15%，如图 3-11 所示。

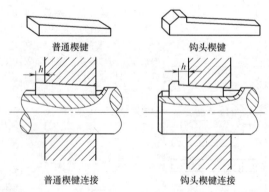

图 3-11　楔键和钩头楔键

（5）切向键的两斜面间以及键的侧面与轴和轮毂键槽的工作面间，均应紧密接触，装配后相互位置应采用销固定；如图3-12所示。

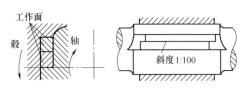

图 3-12　切向键连接

（6）花键装配时，同时接触的齿数不应少于 2/3，接触率在键齿的长度和高度方向不应低于 50%。

（7）间隙配合的平键或花键装配后，相配件应移动自如，不应有松紧不匀现象。

（8）装配时，轴键槽及轮毂键槽轴心线的对称度，应符合技术文件的规定。

3.2.2　销的装配

销用于固定零件的相互位置，起着定位、连接或锁定零件作用，是组合加工装配时的重要辅助零件，如图 3-13 所示。销连接通常只传递不大的载荷，或作为安全装置。

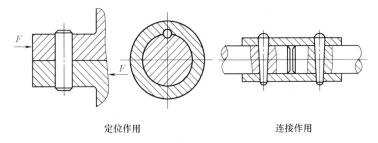

定位作用　　　　　　　　连接作用

图 3-13　销连接的作用

定位销的装配要点：

（1）定位销的型式、规格，应符合随机技术文件的规定。

（2）有关连接机件及其几何精度应经调整符合要求后装销。

（3）销与销孔装配前，应涂抹润滑油脂或防咬合剂。

（4）装配定位销时不宜使销承受载荷，宜根据销的性质选择相应的方法装入；销孔的位置应正确。

（5）圆锥定位销装配时，应与孔进行涂色检查；其接触率不应小于配合长度的 60%，并应分布均匀。

（6）带螺尾的圆锥销装入相关零件后，其大端应沉入孔内。

（7）装配中发现销和销孔不符合要求时，应铰孔，并应另配新销；对配制定位精度要求高的新销，应在机械设备的几何精度符合要求或空负荷试运转合格后进行。

3.3　滑动轴承的装配和检测

轴承是支承轴颈的部件，有时也用来支承轴上的同轴零件。按照承受载荷的方向，轴承可分为向心轴承和推力轴承两大类。常见的向心滑动轴承有整体式和剖分式两大类，主要用于高速旋转机械。

整体式向心滑动轴承：如图 3-14 所示，轴承座用螺栓与机座连接，顶部设有装油杯的螺纹孔。轴承孔内压入用减摩材料制成的轴套，轴套内开有油孔，并在内表面上开油沟以输送润滑油。

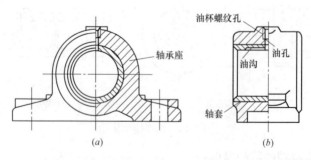

图 3-14　整体式向心滑动轴承

剖分式向心滑动轴承：如图 3-15 所示，由轴承座、轴承盖、剖分轴瓦、轴承盖螺柱等组成。轴瓦是轴承直接和轴颈相接触的零件。在轴瓦内壁不负担载荷的表面上开设油沟，润滑油通过油孔和油沟流进轴承间隙。对

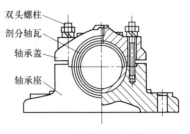

图 3-15 剖分式向心轴承

于轴承宽度与轴颈直径之比大于 1.5 的轴承，可以采用调心轴承，如图 3-16 所示，其特点是轴瓦外表面作成球面形状，与轴承盖及轴承座的球状内表面相配合，轴瓦可以自动调位以适应轴颈弯曲时所产生的偏斜。

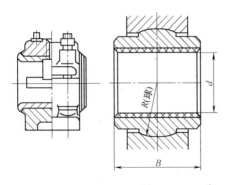

图 3-16 调心轴承

3.3.1 装配准备

安装轴承座时，必须把轴瓦和轴套安装在轴承座上，按照轴套或轴瓦的中心进行找正，同一传动轴的所有轴承中心必须在一条直线上。找轴承座时，可通过拉钢丝或平尺的方法来找正它们的位置。

检查轴瓦的合金层与瓦壳的结合应牢固、紧密，不得有分层、脱壳现象。合金层表面和两半轴瓦的中分面应光滑、平整、

无裂纹、气孔、重皮、夹渣和碰伤等缺陷。球面轴承的轴承体与轴承座应均匀接触，其接触面积不应小于70%。

3.3.2 厚壁轴瓦装配、刮瓦及检查

1. 厚壁轴瓦的装配

（1）上、下轴瓦的瓦背与轴承座孔应接触良好，其接触要求应符合随机技术文件的规定；当无规定时，其接触要求应符合表3-6的规定。

上、下轴瓦的瓦背与轴承座孔的接触要求　　表 3-6

项目		接触要求		简图
		上轴瓦	下轴瓦	
接触角	稀油润滑	$130°\pm5°$	$150°\pm5°$	
	油脂润滑	$120°\pm5°$	$140°\pm5°$	
接触角内接触率		≥60%	≥70%	
瓦侧间隙		$D≤200mm$ 时，0.05mm 塞尺不得塞入；$D>200mm$ 时，0.10mm 塞尺不得塞入		

注：D 为轴的公称直径，α 为接触角，b 为瓦侧间隙。

（2）上、下轴瓦的接合面应接触良好。未拧紧螺栓时，应用0.05mm的塞尺从外侧检查，任何部位塞入深度均不应大于接合面宽度的1/3。

（3）动压轴承的顶间隙，宜按表3-7的规定调整。

（4）单侧间隙应为顶间隙的1/2～2/3。

（5）上、下轴瓦内孔与相关轴颈应接触良好，其接触点数应符合随机技术文件的规定；无规定时，不应低于表3-8的规定。

（6）上、下轴瓦内孔与轴颈接触角以外部分的均油楔，应从瓦口开始由最大逐步过渡到零；其油楔最大尺寸应符合随机技术文件的规定，当无规定时，油楔最大尺寸应符合表3-9的规定。

动压轴承的预间隙 (mm)   表 3-7

轴承直径	最小间隙	平均间隙	最大间隙	轴承直径	最小间隙	平均间隙	最大间隙
>30~50	0.025	0.050	0.075	340	0.30	0.34	0.38
>50~80	0.030	0.060	0.090	360	0.32	0.36	0.40
>80~120	0.072	0.117	0.161	380	0.34	0.38	0.42
130	0.085	0.137	0.188	400	0.36	0.40	0.44
140	0.085	0.137	0.188	420	0.38	0.42	0.46
150	0.12	0.15	0.19	450	0.41	0.45	0.49
160	0.13	0.16	0.20	480	0.44	0.48	0.52
180	0.15	0.18	0.21	500	0.46	0.50	0.54
200	0.17	0.20	0.23	530	0.49	0.53	0.57
220	0.19	0.22	0.25	560	0.52	0.56	0.60
240	0.21	0.24	0.27	600	0.56	0.60	0.64
250	0.22	0.25	0.28	630	0.59	0.63	0.67
260	0.23	0.26	0.29	670	0.62	0.67	0.72
280	0.25	0.28	0.31	710	0.66	0.71	0.76
300	0.27	0.30	0.33	750	0.70	0.75	0.80
320	0.28	0.32	0.36	800	0.75	0.80	0.85

注：本表适用于活塞式发动机轴承、油膜轴承，轴颈最大圆周速度为 10m/s，润滑油黏度不大于 16°E。

上、下轴瓦内孔与轴颈的接触点数   表 3-8

轴承直径(mm)	机械或精密机械主轴轴承			锻压设备、通用机械和动力机械的轴承		冶金设备和建筑工程机械的轴承	
	高精度	精密	普通	重要	一般	重要	一般
	每25mm×25mm 内的接触点数						
≤120	20	16	12	12	8	8	5
>120	16	12	10	8	6	5~6	

上、下轴瓦的油楔最大尺寸   表 3-9

油楔最大尺寸	
稀油润滑	$C_1 = C$
油脂润滑	距轴瓦两端面 $10\sim15\text{mm}$，$C_1 \approx C$
	中间部位 $C_1 \approx 2C$

注：1 为轴，2 为上、下轴瓦，C 为轴瓦的最大配合间隙，C_1 为油楔最大尺寸，α 为上、下轴瓦内孔与轴颈接触角。

（7）配制的瓦口垫片应与瓦口面的形状相同，瓦口垫片的宽度应小于瓦口面宽度 $1\sim2\text{mm}$；瓦口垫片的长度应小于瓦口面长度 1mm；垫片应平整、无棱刺；瓦口两侧垫片的厚度应一致；垫片与轴颈应有 $1\sim2\text{mm}$ 的间隙。

（8）轴瓦的固定应使瓦口面、端面与轴承座孔的开合面、端面保持平齐；用定位销固定时，销的端面应低于轴瓦内孔表面 $1\sim2\text{mm}$，且不得有松动现象。

2. 轴瓦的刮研

（1）应先刮下瓦，后刮上瓦。

（2）轴瓦内壁与轴颈的接触宜呈斑点状。检查接触面时可将着色的轴颈放入干净的轴瓦内进行研磨。

（3）严禁使用砂布打磨轴瓦内表面。

（4）应修刮好轴瓦的油囊。

（5）在轴瓦两端边 $10\sim20\text{mm}$ 宽处应刮削斜面，并留有 0.02mm 的间隙，以便使油自轴瓦内流出。

3. 轴承间隙的调整与测量

（1）轴颈与轴瓦的侧间隙可用塞尺检查，侧间隙值应符合随机技术文件的规定。

塞尺检查时，应在阻油边的四角处进行，插入深度以 $15\sim20\text{mm}$ 为准。瓦口间隙以下应为均匀的楔形油隙及油囊。对于圆筒形轴瓦两侧间隙应各为顶部间隙的一半；对于椭圆形轴瓦两侧间隙应各为顶部间隙。

（2）轴颈与轴瓦的顶间隙可用压铅法检查，如图 3-17 所示，铅丝直径不宜大于顶间隙的 3 倍；压铅法所用软铅丝（保险丝）或铅条的直径应选用所测顶间隙值的 1.5～2 倍，长度为 10～40mm 左右。

将软铅丝或铅条，分别放在轴颈上和轴瓦结合面上。为防止软铅丝滑落，可用润滑脂

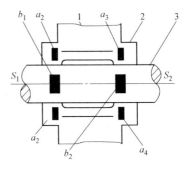

图 3-17　压铅法测量轴承顶间隙
1—轴承座；2—轴瓦；3—轴

粘住，合上上半轴承，均匀地拧紧螺母并用塞尺检查轴瓦结合面间隙，应均匀相等。

用千分尺测量被压扁的软铅丝的厚度，顶间隙值应按下列公式计算：

$$s_1 = b_1 - \frac{a_1 + a_2}{2} \tag{3-7}$$

$$s_2 = b_2 - \frac{a_3 + a_4}{2} \tag{3-8}$$

式中　　　s_1——端实测顶间隙（mm）；

　　　　　s_2——另一端实测顶间隙（mm）；

　　b_1、b_2——轴颈上各段铅丝压扁后的厚度（mm）；

a_1、a_2、a_3、a_4——轴瓦合缝处接合面上铅丝压扁后的厚度（mm）。

4. 轴瓦压紧力

（1）圆柱形轴瓦紧力值为 0.05～0.15mm（较大的数值适用于较大的轴瓦）。

（2）球形轴瓦为 ±0.03mm（即有紧力或留有间隙），但对综合式推力轴承的球形轴瓦应有紧力，对轴承盖在运行中受热温升较高者，紧力值应适当加大。

（3）测量轴瓦紧力的方法与测量顶间隙方法相同，不得与轴

瓦顶隙同时测取。

5. 轴承盖装配

（1）轴承座内应清洁、无杂物，全部零部件安装齐全，螺栓拧紧并锁牢。热工仪表元件装好并调整完毕，全部间隙正确并有记录。

（2）轴承油杯插座与轴承应结合良好，以防漏油。

（3）轴承盖水平结合面，油挡轴瓦座结合处一般不采用垫料，但应涂好密封涂料；垂直结合面可加垫料。

6. 瓦口垫片

配置的瓦口垫片应与瓦口面的形状相同，其宽度应小于瓦口面 1~2mm，其长度应小于瓦口面 1mm，垫片应平整、无棱刺。瓦口两侧垫片的厚度应一致；垫片在任何情况下都不得与轴颈相接触。

3.3.3 薄壁轴瓦装配

（1）轴瓦的接触面不宜刮研；薄壁轴瓦顶间隙，应符合随机技术文件的规定；当无规定时，宜符合表 3-10 的规定。

薄壁轴瓦顶间隙　　　　　　　　　　　表 3-10

转速（r/min）	<1500	1500~3000	>3000
顶间隙（mm）	(0.8~1.2)d/1000	(1.2~1.5)d/1000	(1.5~2)d/1000

注：d 为轴颈的公称直径（mm）。

（2）瓦背与轴承座应紧密地均匀贴合。用着色法检查，且轴瓦内径小于 180mm 时，其接触面积不应少于 85%；轴瓦内径大于或等于 180mm 时，其接触面积不应少于 70%。

（3）装配后，应在中分面处用 0.02mm 的塞尺检查，不应塞入。

3.3.4 静压轴承的装配

（1）空气静压轴承装配前，应按随机技术文件的要求，检查其轴承内、外套的配合尺寸及精度，且两者应有 30′ 的锥度；压入后应紧密、无泄漏；轴承外圆与轴承座孔的配合间隙宜为 0.003～0.005mm。

（2）液体静压轴承装配时，其油孔、油腔应完好，油路应畅通；节油器及轴承间隙不应堵塞；轴承两端的油封槽不应与其他部位相通，并应保持与主轴颈的配合间隙。

3.3.5 整体轴套的装配

（1）圆柱轴套装入机件后，轴套内径与轴的配合应符合设计要求。

（2）圆锥轴套应用着色法检查其内孔与轴颈的接触长度，其接触长度应大于 70%，并应靠近大端。

（3）轴套装配后，紧定螺钉或定位销的端头，应埋入轴承端面内。

（4）装配含油轴套时，轴套端部应均匀受力，并不得直接敲击轴套；轴套与轴颈的间隙宜为轴颈直径的 1‰～2‰。含油轴套装入轴承座时，其清洗油宜与轴套内润滑油相同，不得使用能溶解轴套内润滑油的任何溶剂。

3.4 滚动轴承的安装调整

3.4.1 滚动轴承检查与清洗

（1）装配滚动轴承前，应测量轴承的配合尺寸，并应根据轴承的防锈方式选择适当的方法，将其清洗洁净，见表 3-11。

（2）轴承应无损伤和锈蚀，转动应灵活及无异常声响。

（3）按照图纸要求检查与轴承相配合的零件，如轴、外壳、端盖、衬套、密封圈等的加工质量，包括尺寸精度、形状精度和表面粗糙度。不合格不得装配。与轴承相配合的表面不应有凹陷、毛刺、锈蚀。

清洗滚动轴承的方法
表 3-11

轴承的防锈方式	清洗剂	清洗工艺	附注
用防锈油封存的轴承	汽油、煤油	反复清洗直到干净	
用原油或防锈油脂防锈的轴承	轻质矿物油（如 10 号轴承油或变压器油）	在 95～100℃油液中摆动 5～10min，熔去原防锈油脂，从油中取出，冷却后再用汽油、煤油清洗	
用气相防锈水和其他水溶防锈材料防锈的轴承	用油酸钠皂水溶液	第一步：用 80～90℃2%～3%的油酸皂溶液刷洗 2～3min；第二步：用2%～3%油酸皂溶液常温下刷洗；第三步：清水漂洗	也可用油酸钾皂和其他动植物油制备的钾、钠皂和皂角水等溶液清洗
	用 664 清洗剂或与其他清洗剂混合	第一步：用2%～3%的664溶液刷洗 2～3min；第二步：用2%～3%的664溶液常温下刷洗；第三步：清水漂洗	其他清洗剂水溶液，如"平平加"、"6501"、"6503"等

注：1. 涂有防锈润滑两用油脂的轴承和双面防尘盖或密封圈的轴承，正常状况下可不清洗。

2. "平平加"清洗剂为含聚氯乙烯脂肪醇醚；"6501"清洗剂为十二烷基二乙醇酰胺；"6503"清洗剂为含十二烷基二乙醇酰胺磷酸酯。

3.4.2 滚动轴承安装调整

1. 压装法和温差法装配

采用压装法装配时，压入力应通过专用工具或在固定圈上垫以软金属棒、金属套传递（图 3-18），不得通过轴承的滚动体和保持架传递压入力；采用温差法装配时，应均匀地改变轴承的温度，轴承的加热温度不应高于 120℃，冷却温度不应低于－80℃。

2. 轴承外圈与轴承座孔或箱体孔的配合

轴承外圈与轴承座孔或箱体孔的配合，应符合随机技术文件规定，无规定时应符合下列要求：

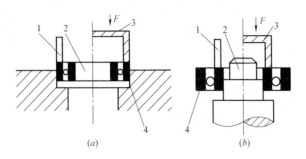

图 3-18　装配工具使用示意

（a）轴承外圈为固定圈（b）轴承内圈为固定圈

1—软金属棒；2—轴；3—软金属套；4—滚动轴承固定圈

F—压入力

（1）剖分式轴承座或开式箱体的剖分接合面应无间隙。

（2）轴承外圈与轴承座孔在对称于中心线 120°范围内、与轴承盖孔在对称于中心线的 90°范围内应均匀接触，且用 0.03mm 的塞尺检查时，塞尺不得塞入轴承外圈宽度的 1/3。

（3）轴承外圈与轴承座孔或开式轴承座及轴承盖的各半圆孔间不得有卡住现象，当轴承座孔和轴承盖孔需修整时，其修整尺寸宜符合表 3-12 的规定。

轴承座孔和轴承盖孔的修整尺寸（mm）　　　表 3-12

轴承外径	b	h	简　　　图
≤120	≤0.10	≤10	
>120～260	≤0.15	≤15	
>260～400	≤0.20	≤20	
>400	≤0.25	≤30	

3. 轴承与轴肩的间隙

轴承与轴肩或轴承座挡肩应靠紧，圆锥滚子轴承和向心推力球轴承与轴肩的间隙不应大于 0.05mm，其他轴承与轴肩的间隙不应大于 0.10mm。轴承盖和垫圈必须平整，并应均匀地紧贴在轴承外圈上。当随机技术文件有间隙规定时，应按规定留出间隙。

4. 向心轴承装配

装配在轴的两端径向间隙不可调，且轴的轴向位移是以两端端盖限定的向心轴承（图 3-19）装配时，其一端轴承外座圈应紧靠端盖，另一端轴承外座圈与端盖间的间隙应符合随机技术文件的规定；无规定时，其间隙宜按下式计算：

$$c = L\alpha\Delta t + 0.15 \tag{3-9}$$

式中　c——轴承外座圈与端盖间的间隙（mm）；

　　　L——两轴承的中心距（mm）；

　　　α——轴材料的线膨胀系数；

　　　Δt——轴工作时的最高温度与环境温度的差值（℃）；

　0.15——轴热胀后应剩余的间隙（mm）。

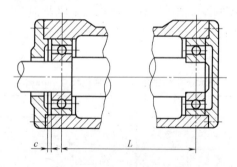

图 3-19　向心轴承装配间隙

L—两轴承的中心距；c—轴承外座圈与端盖间的间隙

5. 装配两端可调头的轴承

装配两端可调头的轴承时，应将有编号的一端向外；装配可拆卸的轴承时，必须按内外圈和对位标记安装，不得装反或与别的轴承内外圈混装；有方向性要求的轴承应按图样进行装配。

3.4.3 各型滚动轴承的轴向间隙及调整

角接触球轴承、单列圆锥滚子轴承、双向推力球轴承的轴向游隙应按表 3-13 的规定调整；双列和四列圆锥滚子轴承在装配时，均应检查其轴向游隙，并应符合表 3-14 和表 3-15 的规定。

角接触球轴承、单列圆锥滚子轴承、双向推力球轴承的轴向游隙（mm）

表 3-13

轴承内径	角接触球轴承的轴向游隙		单列圆锥滚子轴承的轴向游隙		双向推力球轴承的轴向间隙	
	轻系列	中及重系列	轻系列	轻宽中及中宽系列	轻系列	中及重系列
≤30	0.02～0.06	0.03～0.09	0.03～0.10	0.04～0.10	0.03～0.08	0.05～0.11
>30～50	0.03～0.09	0.04～0.10	0.04～0.11	0.05～0.13	0.04～0.10	0.06～0.12
>50～80	0.04～0.10	0.05～0.12	0.05～0.13	0.06～0.15	0.05～0.12	0.07～0.14
>80～120	0.05～0.12	0.06～0.15	0.06～0.15	0.07～0.18	0.06～0.15	1.10～0.18
>120～150	0.06～0.15	0.07～0.18	0.07～0.18	0.08～0.20		
>150～180	0.07～0.18	0.08～0.20	0.09～0.20	0.10～0.22		
>180～200	0.09～0.20	0.10～0.22	0.12～0.22	0.14～0.24		
>200～250	—	—	0.18～0.30	0.18～0.30		

双列圆锥滚子轴承的轴向游隙（mm）　　表 3-14

轴承内径	轴向游隙	
	一般情况	内圈比外圈温度高 25～30℃
≤80	0.01～0.20	0.30～0.40
>80～180	0.15～0.25	0.40～0.50
>180～225	0.20～0.30	0.50～0.60
>225～315	0.30～0.40	0.70～0.80
>315～560	0.40～0.50	0.90～1.00

四列圆锥滚子轴承的轴向游隙（mm） 表 3-15

轴承内径	轴向游隙	轴承内径	轴向游隙
＞120～180	0.15～25	＞500～630	0.30～0.40
＞180～315	0.20～0.30	＞630～800	0.35～0.45
＞315～400	0.25～0.35	＞800～1000	0.35～0.45
＞400～500	0.32～0.40	＞1000～1250	0.40～5.0

其中，向心推力球轴承和圆锥滚子轴承装配时，轴向游隙的测量可用如图 3-20 所示的方法。单列圆锥滚子轴承游隙调整方法，见表 3-16。

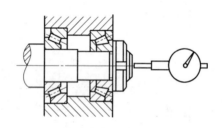

图 3-20　向心推力轴承轴向游隙测量

单列圆锥滚子轴承游隙调整方法 表 3-16

调整方法	简图	调整步骤
垫片调整法	1—端盖；2—调整垫片	(1)对称逐步地旋紧压盖螺钉。 (2)缓缓转动轴，当感觉到轴较紧时，停止拧螺钉。 (3)测出间隙 k。 (4)在侧盖处加上 $k+C$ 厚的垫片，拧紧螺钉，轴承内就有轴向间隙 C

调整方法	简图	调整步骤
螺钉 调整法	4 3 2 1 1—调整螺钉;2—螺帽; 3—止推盘;4—侧盖	(1)松开调整螺钉上的锁母。 (2)拧紧调整螺钉和止推盘,到轴旋略紧为止。 (3)根据轴向间隙的要求将调整螺钉倒旋到一定的角度。 (4)锁紧锁帽止
推环 调整法	3　2　1 1—止推环;2—止动片;3—螺钉	(1)旋紧有外螺纹的止推环,至轴转动略紧。 (2)根据轴向间隙的要求,将止推环倒拧一定的角度,用止退片固定

3.5　联轴器装配和对中

联轴器也称连轴节,是连接不同机构中的两根轴使之一同回转并传递扭矩的一种部件。按照被连接两轴的相对位置和位置的变动情况,联轴器可分为固定式联轴器、可移动式联轴器两大类。

固定式联轴器,一般用在两轴能严格对中并在工作中不发生相对位移的地方。

可移动式联轴器,一般用在两轴有偏斜或在工作中有相对位移的地方。可移式联轴器按照补偿位移的方法不同,分为刚性可移式联轴器和弹性可移式联轴器两类。弹性联轴器又可按刚度性能不同，分为定刚度弹性联轴器和变刚度弹性联轴器。

3.5.1　联轴器装配前的检查

转子上的联轴器装配前，应根据其不同形式进行下列有关项目的检查。

（1）联轴器上各部件不得松动，键、锁紧螺钉、螺母等均应可靠地锁紧。

（2）联轴器螺栓、螺母以及蛇行弹簧式、爪式和齿式的连轴套上均应有钢印标记。

（3）联轴器法兰端面应光洁、无毛刺。刚性联轴器法兰端面的相对轴向跳动值应符合制造厂的规定。如无规定，应不大于0.02mm，半刚性法兰端面的相对轴向跳动应不大于0.04mm。不符合上述规定时应研究处理。

（4）联轴器波形管内应清洁、无杂物，并有泄油孔。

（5）联轴器法兰止口外圆（或内圆）的径向圆跳动应符合设备技术文件的规定。如无规定，应符合表3-17的要求。

联轴器轮壳允许的径向跳动值（mm）　　表3-17

转速(r/min)	≥5000	2000～5000	1000～2000	500～1000	≤500
最大径向跳动允许值	0.01	0.015	0.02	0.03	0.05

（6）两转子联轴器为止口配合时，应配合紧密。

（7）蛇形弹簧式、爪式和齿式联轴器组装好后，各组合部件之间应有一定的间隙，保证弹簧有一定的活动量和两半联轴器能作相对的运动，并应将各项间隙记入安装记录。

（8）齿式联轴器的齿侧间隙应符合设备技术文件的规定。如无规定，应为0.20mm。

（9）各型挠性联轴器上，阻止转子轴向窜动装置的间隙应符合设备技术文件的要求。

（10）具有润滑油孔的联轴器，其油孔应清洁畅通。

3.5.2 各型联轴器装配允许偏差

1. 凸缘联轴器装配

如图 3-21 所示，凸缘联轴器装配，应使两个半联轴器的端面紧密接触，两轴心的径向和轴向位移不应大于 0.03mm。

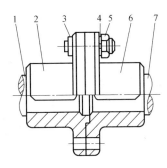

图 3-21 凸缘联轴器

1、7—轴；2、6—半联轴器；3—螺栓；4—弹簧垫圈；5—螺母

2. 夹壳联轴器装配

如图 3-22 所示，夹壳联轴器装配的允许偏差，应符合表 3-18的规定。

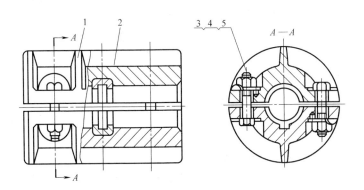

图 3-22 夹壳联轴器

1—夹壳；2—半环；3—螺栓；4—螺母；5—外舌止动片

夹壳联轴器装配的允许偏差　　　　表 3-18

轴的转速(r/min)	≤500	>500~750	>750~1500	>1500~3000
轴向及径向允许偏差(mm)	0.15	0.10	0.08	0.06

3. 滑块联轴器装配

如图 3-23 所示，滑块联轴器装配的允许偏差，应符合表 3-19的规定。

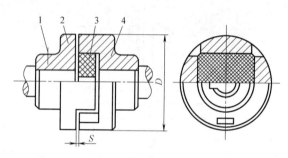

图 3-23　滑块联轴器

1—螺钉；2、4—半联轴器；3—滑块

D—联轴器外形最大直径；S—端面间隙

滑块联轴器装配的允许偏差　　　　表 3-19

联轴器外形最大直径 (mm)	两轴心径向位移 (mm)	两轴线倾斜	端面间隙(mm)
≤190	0.05	0.3/1000	0.5~1.0
250~330	0.10	1.0/1000	1.0~2.0

4. 齿式联轴器装配

如图 3-24 所示，齿式联轴器装配的允许偏差，应符合表 3-20的规定。联轴器的内、外齿的啮合应良好，并在油浴内工作，不得有漏油现象。

5. 滚子链联轴器装配

如图 3-25 所示，滚子链联轴器装配的允许偏差，应符合表 3-21 的规定。半联轴器和罩壳的表面应无裂纹、夹渣等缺陷；联轴器的滚子链应加注润滑油。

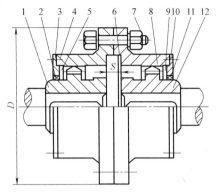

图 3-24　齿式联轴器

1、12—半联轴器；2、11—挡圈；3、10—外挡板；4、8—外套；

5、6、9—内挡板；7—螺栓、垫圈、螺母；

D—联轴器外形最大直径；S—端面间隙

齿式联轴器装配的允许偏差　　　　表 3-20

联轴器外形最大直径（mm）	两轴心径向位移（mm）	两轴线倾斜	端面间隙（mm）
170～185	0.30	0.5/1000	2～4
220～250	0.45		
290～430	0.65	1.0/1000	5～7
490～590	0.90	1.5/1000	
680～780	1.20		7～10

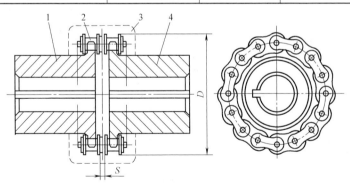

图 3-25　滚子链联轴器

1、4—半联轴器；2—双排滚子链；3—罩壳

D—联轴器外形最大直径；A—端面间隙

联轴器外形最大直径 (mm)	两轴心径向位移 (mm)	两轴线倾斜	端面间隙(mm)
51.06,57.08	0.04		4.9
68.88,76.91	0.05		6.7
94.46,116.57	0.06		9.2
127.78	0.06		10.9
154.33,186.50	0.10	0.5/1000	14.3
213.02	0.12		17.8
231.49	0.14		21.5
270.08	0.16		24.9
340.80,405.22	0.20		28.6
466.25	0.25		35.6

滚子链联轴器装配的允许偏差　　　　　表 3-21

6. 十字轴式万向联轴器装配

如图 3-26 所示，十字轴式万向联轴器装配，应符合下列要求：

（1）法兰的结合面应平整、光洁，不得有毛刺、伤痕等缺陷。

（2）半圆滑块与叉头的虎口面或扁头平面的接触应均匀，接触面积应大于 60%。

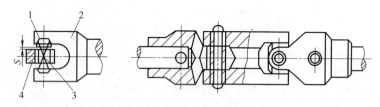

图 3-26　十字轴式万向联轴器

1—半圆滑块；2—叉头；3—销轴；4—扁头

S—轴向间隙

（3）十字头的轴向间隙调整垫片，应按实测尺寸选配；轴向总间隙值应符合产品标准或随机技术文件的规定；无规定时，应符合表 3-22 的规定；当联轴器可逆转时，间隙应取小值；当联轴器可逆转时，间隙应取小值。

（4）花键轴叉头与花键套叉头的轴心线应位于同一平面内，其偏差不得超过 1°。

十字头的轴向总间隙值   表 3-22

联轴器型式	轴向总间隙值（mm）
整体叉头式	0.10～0.15
整体轴承座式	0.12～0.20
剖分轴承座式	0.10～0.20

（5）中间轴与主、从动轴的轴线倾角应相等；中间轴两端的叉头应在同一平面内；主、从动轴与中间轴的中心线应在同一平面内；连接螺栓的预紧力应符合随机技术文件的规定。

（6）万向节应转动灵活，并应无卡滞现象；联轴器组装后，花键轴应伸缩灵活，并应无卡滞现象。

（7）轴承和花键组装时，涂抹用的润滑脂应符合技术文件的要求，组装完成后，应从油嘴充满相同润滑脂。

7. 蛇形弹簧联轴器装配

如图 3-27 所示，蛇形弹簧联轴器装配的允许偏差，应符合表 3-23 的规定；联轴器安装后，应注入润滑脂或润滑油，润滑脂应符合现行国家标准《通用锂基润滑脂》GB 7324 的有关规定，润滑油应符合现行国家标准《L-AN 全损耗系统用油》GB 443 的有关规定。

蛇形弹簧联轴器装配的允许偏差   表 3-23

联轴器外形最大直径（mm）	两轴心径向位移（mm）	两轴线倾斜	端面间隙（mm）
≤200	0.1	1.0/1000	1.0～4.0
>200～400	0.2		1.5～6.0
>400～700	0.3	1.5/1000	2.0～8.0
>700～1350	0.5		2.5～10.0
>1350～2500	0.7	2.0/1000	3.0～12.0

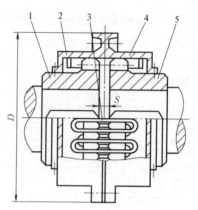

图 3-27　蛇形弹簧联轴器

1、5—半联轴器；2、4—罩壳；3—蛇形弹簧

D—联轴器外形最大直径；S—端面间隙

8. 膜片联轴器装配

如图 3-28 所示，膜片联轴器装配时膜片表面应光滑、平整，并应无裂纹等缺陷，半联轴器及中间轴应无裂纹、缩孔、气泡、夹渣等缺陷。

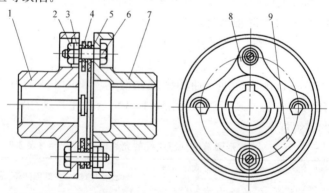

图 3-28　膜片联轴器

1、7—半联轴器；2—锁紧螺母；3—六角螺母；4—隔圈；5—支撑圈；

6—六角头铰制孔用螺母；8—膜片；9—标记

膜片联轴器的允许偏差应符合随机技术文件的规定；无规定时应符合表 3-24 的规定。

表 3-24

膜片联轴器的允许偏差

型号	JMⅠ1~JMⅠ6	JMⅠ7~JMⅠ10	JMⅠ11~JMⅠ19	JMⅡ1~JMⅡ8	JMⅡ9~JMⅡ17	JMⅡ18~JMⅡ26	JMⅡ27~JMⅡ30
轴向(mm)	0.3	0.5	0.6	0.3	0.8	1.3	2.0
两轴线倾斜	1/1000		0.5/1000	1/1000			

型号	JMⅠJ1~JMⅠJ6	JMⅠJ7~JMⅠJ10	JMⅠJ11~JMⅠJ12	JMⅡJ1~JMⅡJ8	JMⅡJ9~JMⅡJ17	JMⅡJ18~JMⅡJ26	JMⅡJ27~JMⅡJ42
轴向(mm)	0.6	1.0	1.2	0.6	1.6	2.6	4.0
两轴线倾斜	2/1000		1/1000	2/1000			

9. 轮胎式联轴器装配

装配前检查轮胎表面应无凹陷、裂纹、轮胎环与骨架脱粘现象，半联轴器表面应无裂纹、夹渣等缺陷。

如图 3-29 所示，轮胎式联轴器装配的允许偏差，应符合表 3-25 的规定。

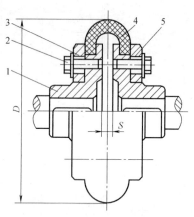

图 3-29　轮胎式联轴器

1—半联轴器；2—螺栓、垫圈；3、5—止退夹板；4—轮胎环

D—联轴器外形最大直径；S—端面间隙

轮胎式联轴器装配的允许偏差　　　　表 3-25

联轴器外形最大直径 （mm）	两轴心径向位移 （mm）	两轴线倾斜	端面间隙（mm）
120			8～10
140			10～13
160	0.5	1.0/1000	13～15
180			15～18
200			18～22
220	1-0	1.5/1000	
250			22～26
280			
320～360			26～30

10. 弹性套柱销联轴器装配

装配前检查半联轴器、制动轮的表面应无裂纹、缩孔、气泡、夹渣等缺陷；弹性套外表应光滑、平整，工作面不得有麻点，内部不得有杂质、气泡、裂纹等缺陷。

如图 3-30 所示，弹性套柱销联轴器装配的允许偏差，应符合表 3-26 的规定。弹性套应紧密的套在柱销上，不应松动；弹性套与柱销孔壁的间隙应为 0.5～2mm，柱销螺栓应有防松装置。

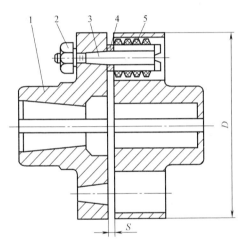

图 3-30 弹性套柱销联轴器

1—半联轴器；2—螺母；3—柱销；4—挡圈；5—弹性套

D—联轴器外形最大直径；S—端面间隙

弹性套柱销联轴器装配的允许偏差　　　　表 3-26

联轴器外形最大直径 （mm）	两轴心径向位移 （mm）	两轴线倾斜	端面间隙（mm）
71			
80	0.1	0.2/1000	2～4
95			
106			

联轴器外形最大直径 (mm)	两轴心径向位移 (mm)	两轴线倾斜	端面间隙(mm)
130			
160	0.15		3～5
190			
224		0.2/1000	
250	0.2		4～6
315			
400	0.25		
475			5～7

11. 弹性柱销联轴器装配

装配前应检查柱销，柱销应无缩孔、气泡夹渣等缺陷；柱销应存放于干燥处，并应避免日晒雨淋和与酸碱、有机溶剂等物质相接触。

如图 3-31 所示，弹性柱销联轴器的允许偏差，应符合表 3-27的规定。

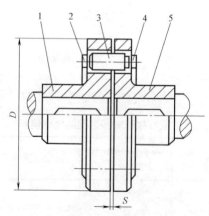

图 3-31　弹性柱销联轴器

1、5—半联轴器；2、4—挡板；3—柱销

D—联轴器外形最大直径；S—端面间隙

118

弹性柱销联轴器装配的允许偏差　　　表 3-27

联轴器外形最大直径 （mm）	两轴心径向位移 （mm）	两轴线倾斜	端面间隙 （mm）
90～160	0.05		2.0～3.0
195～200			2.5～4.0
280～320	0.08	0.2/1000	3.0～5.0
360～410			4.0～6.0
480	0.10		5.0～7.0
540			6.0～8.0

12. 梅花形弹性联轴器装配

装配前检查半联轴器、制动轮等表面应无裂纹、缩孔、气泡、夹渣等缺陷；弹性件外形应光滑、平整，工作面应无麻点，内部应无杂质、气泡、裂纹等缺陷。

如图 3-32 所示，梅花形弹性联轴器装配的允许偏差，应符合表 3-28 的规定。

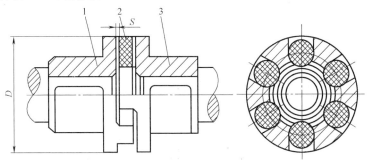

图 3-32　梅花形弹性联轴器
1、3—半联轴器；2—弹性件
D—联轴器外形最大直径；S—端面间隙

3.5.3　联轴器装配测量与计算

测量联轴器端面间隙时，应使两轴的轴向窜动至端面间隙为最小的位置上，再测量其端面间隙值。

梅花形弹性联轴器装配的允许偏差 表 3-28

联轴器外形最大直径 （mm）	两轴心径向位移 （mm）	两轴线倾斜	端面间隙(mm)
50	0.10		2～4
70～105	0.15		
125～170	0.20	1.0/1000	3～6
200～230	0.30		
260	0.30		6～8
300～400	0.35	0.5/1000	7～9

1. 联轴器两轴心径向位移和两轴线倾斜的测量

联轴器装配时，两轴心径向位移和两轴线倾斜的测量，应符合下列要求：

（1）将两个半联轴器暂时互相连接，应在圆周上画出对准线或装设专用工具，其测量工具可采用塞尺直接测量、塞尺和专用工具测量或百分表和专用工具测量，如图 3-33 所示。

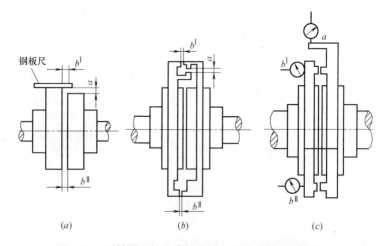

图 3-33　联轴器两轴心径向位移和两轴线倾斜测量方法
（a）用塞尺直接测量；（b）用塞尺和专用工具测量；（c）用百分表和专用工具测量
a—两轴心的径向位移；b^{I}、b^{II}—轴向测量值

（2）将两个半联轴器一起转动，应每转 90°测量一次，并记录 5 个位置的径向位移测量值和位于同一直径两端测点的轴向测量值，如图 3-34 所示。

（3）当测量值 $a_1 = a_5$ 及 $b_1^I - b_1^{II} = b_5^I - b_5^{II}$ 时，应视为测量正确，且测量值为有效。

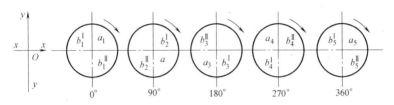

图 3-34　记录形式

$a_1 \sim a_5$—径向位移测量值；$b_1^I \sim b_5^I$、$b_1^{II} \sim b_5^{II}$—轴向测量值

2. 联轴器两轴心径向位移

联轴器两轴心径向位移，应按下式计算：

$$a = \sqrt{\left(\frac{a_2 - a_4}{2}\right)^2 + \left(\frac{a_1 - a_3}{2}\right)^2} \qquad (3\text{-}10)$$

式中　　　　　　a——测量处两轴心的实际位移（mm）；

a_1、a_2、a_3、a_4——径向位移测量值（mm）。

3. 联轴器两轴线的倾斜度

联轴器两轴线的倾斜度应按下式计算：

$$\theta = \sqrt{\left[\frac{(b_2^{II} + b_4^I) - (b_2^I + b_4^{II})}{2d_4}\right]^2 + \left[\frac{(b_1^I + b_3^{II}) - (b_1^{II} + b_3^I)}{2d_4}\right]^2}$$

$$(3\text{-}11)$$

式中　　　　　　θ——两轴线的倾斜度；

b_1^I、$b_1^{II} \sim b_4^I$、b_4^{II}——轴向测量值（mm）；

d_4——测点处的直径（mm）。

3.5.4　联轴器对中

同轴度测量也称轴对中，主要用于测量旋转机械；两联轴器的轴心径向位移（也称平行偏差，简称平偏）和轴线倾斜度（也称倾斜偏差，简称角偏）。传统的同轴度测量方法存在着测量精度低、人为因素影响大、测量范围有限、测量操作烦琐等缺点。近年来，新型的同轴度测量装置和技术不断涌现，现以常用的激光仪为例介绍其同轴度测量的基本步骤。

1. 传统方法

常见的联轴器不对中有 3 种情况，如图 3-35 所示。

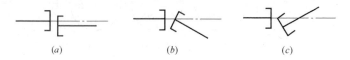

(a)　　　　　　　　　　(b)　　　　　　　　　　(c)

图 3-35　常见的联轴器两轴不对中

(a) 径向位移；(b) 轴线倾斜；(c) 径向位移、轴线倾斜同时存在

传统方法测量联轴器同轴度时，应在联轴器端面和圆周上均匀分布的 4 个位置，即 $0°$、$90°$、$180°$、$270°$ 进行测量。可根据测量时所用工具的不同选择不同的方式，参见上述 3.5.3 中 1. 的相关内容。测量要点如下：

（1）每次测量时应再将两个联轴节沿各自相间的方向旋转 $90°$ 或 $180°$ 后进行；每次盘动转子测量时，两半联轴节的测点位置应对准不变，盘动的角度也应准确一致。

（2）端面偏差的测量，必须每次都在互呈 $180°$ 半径相等的两个对角点进行，以消除转子窜动所引起的误差。

（3）油挡、气封与转子间都应有足够的间隙，放入转子后应确认未压在油挡或气封片上。

（4）在进行测量时，两个转子之间不得有刚性连接，各转子应处于自由状态，不得在组装好联轴套的情况下，对齿式联轴器进行找中心工作。

（5）联轴器的找中心工作应有足够的刚度，安装必须牢固可靠。使用千分表进行联轴器找中心时，表架应牢靠，避免碰动，以保证测量的正确。联轴器转动一周返回到原来的位置后，圆周方向的百分表读数应能回到原来的数值。测量端面值的 2 个千分表读数之差应与起始位置时的差值相同。

（6）测量端面间隙时，每次塞入间隙的塞尺不得超过 3 片，间隙过大时，可使用块规或精加工的垫片配合塞尺测量。

（7）采用千分表测量时，两个转子转动时，应避免冲撞，以防千分表振动引起误差。

（8）按上述 3.5.2 中 2、3 的相关公式计算出轴心径向位移、轴线倾斜度的相应调整值，即可通过调整垫片厚度、位置等措施，将联轴器对中。

2. 激光仪找正法

激光仪可精确实现直线度测量、平行度测量、平面度测量、同心度测量、垂直和铅垂度测量。

激光仪的测量距离一般为 20m，适用于两联轴器间距较大时的对中找正。调整时，实时显示偏差的变化量，实现即时调整。同心度测量可采用任意三点法进行对中找正，只需将轴转动至少 2 个 20°即可得到测量结果，转子轴不必转动 360°，适合应用在机器转子盘车受到限制的场合。

（1）转子轴对中调整、同心度测量等可采用激光找正。

（2）激光发生器、探测器等测量系统元件的安装应稳固，并符合机器技术文件的要求。

（3）预置输入显示器的基本技术参数，应符合机器技术文件的要求。

（4）转子轴对中调整一般采用三点法（0°、90°和 270°），如果机器转子盘车受到限制，不能转动 180°时，可采用任意三点法找正，轴转动角度至少为 2 个 20°。

（5）读数之前应先粗调整，使激光束全射入靶区。

（6）应先调整垂直位移，后调整水平位移，并保证激光束始终全部射入靶区。

（7）按图 3-36 所示，布设激光探测器将找正用的相关基本参数输入激光仪显示器内。

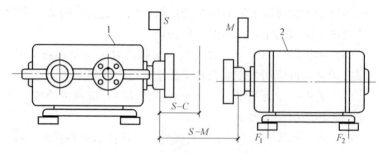

图 3-36　联轴器找正对中示意图

1—基准设备；2—调整设备

图中　S、M——激光探测器。

　　　　F_1——调整设备前支脚。

　　　　F_2——调整设备后支脚。

　　　$S\text{-}C$——探测器 S 基准线到联轴器中心的距离。

　　$S\text{-}M$——探测器 S 基准线到探测器 M 基准线之间的距离。

　　$S\text{-}F_1$——探测器 S 基准线到调整设备前支脚的距离。

　　$S\text{-}F_2$——探测器 S 基准线到调整设备后支脚的距离。

（8）从调整端向基准端看，旋转联轴器，分别在 $0°$、$90°$、$270°$ 位置读取数值，显示器根据读取的数值进行计算，并显示计算结果如表 3-29（示例）。

计算结果示例　　　　　　　　　　表 3-29

方位	参　　数	图　　例	数值（mm）
水平方向	位移偏差		-0.535
	角度偏差		$0.032/100\text{mm}$
	前支脚调整量 F_1		0.953
	后支脚调整量 F_2		0.576

方位	参　数	图　例	数值(mm)
垂直方向	位移偏差		−0.789
	角度偏差		0.095/100mm
	前支脚调整量 F_1		0.679
	后支脚调整量 F_2		0.903

（9）根据显示的调整量，及时调整设备的前后支脚位置的水平偏差和垂直偏差，直到显示的数值符合技术文件要求为止。

3.6　皮带轮装配、皮带连接及其张力的检查调整

3.6.1　皮带轮装配

装配时所使用的传动带，其材质、性能、类型和规格尺寸必须与设计规定的技术要求相符合，严禁随意改变和替换。

1. 带轮的装配要求

如图 3-37 所示，平行传动轴的带轮装配时，偏移和平行度的检查，宜以轮的边缘为基准。带轮两轮轮宽的中央平面应在同一平面上，其偏移值不应大于 0.5mm。两轴平行度的偏差值，不应大于其中心距的 0.15‰。

2. 带轮的压入方法

带轮的压入，有多种方法，

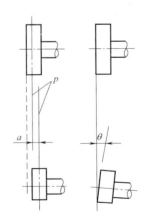

图 3-37　两平行带轮的位置偏差

a—两轮偏移值；

θ—两轴不平行的夹角；

p—轮宽的中央平面

可按现场设备、工具、人员、技术要求等因素予以选择。

（1）锤击法：直径较小精度要求不高时，可采用手锤或大锤敲打装入，但不得用锤直接敲打轮毂，应用木块或铜棒垫在轮毂上。

操作时将带轮平放到平台上，把轴上的平键对准带轮上的键槽，用铜棒轻轻敲击轴的上部，当带轮与轴配合的长度为 2～3mm 时，再次检查键与键槽的对准程度，若对得准确，即可将轴敲击到正确位置；若键与键槽有偏移，应拆下，经少许调整后再进行装配，如图 3-38 所示。

将装配好的带轮与轴的组合件搬到台虎钳上，装上垫圈和螺母，并把螺母拧紧，如图 3-39 所示。检查带轮的径向圆跳动和端面圆跳动，如图 3-40 所示，使其符合要求。

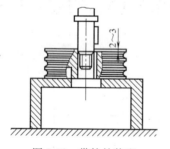

图 3-38 带轮的装配

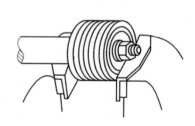

图 3-39 在台虎钳上装夹垫圈和螺母

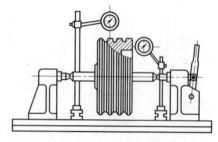

图 3-40 检查带轮圆跳动

（2）螺旋（或千斤顶）压入法：螺杆通过金属垫块将其压力

传递轮毂，如图 3-41 所示。

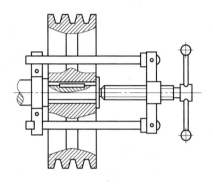

图 3-41　螺旋压入法

（3）压力机装入法：较大的带轮宜采用此法。但带轮装配后，要进行平衡处理。

3. 带轮轴向偏移量的测定

带轮安装后，要进行带轮轴向偏移量测定，以防带轮相互倾斜或错位。当中心距较大时，可用拉线方法检查；中心距较小时，可用钢直尺进行，检查方法如图 3-42 所示。

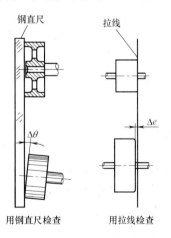

用钢直尺检查　　　　用拉线检查

图 3-42　带轮轴向偏移量的测定

3.6.2 皮带安装和连接

1. 皮带安装

（1）采用三角皮带时，应先将皮带轮中心距调小，再将皮带放入轮槽内，并调整好中心距。选用的三角皮带的型号应与轮槽吻合，皮带在轮槽中的位置应恰当。

三角皮带装配时，先将皮带套在小皮带轮上，然后转动大皮带轮，用一字螺钉旋具等适当的工具将皮带拨入大皮带轮槽中，如图 3-43 所示。三角带装入轮槽后的位置，如图 3-44 所示。三角皮带与皮带轮槽侧面应密切贴合，各皮带的松紧程度应一致。

（2）采用平皮带时，其工作面应向内，平皮带截面上各部分张紧力应均匀。

 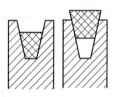

正确　　　　　　不正确

图 3-43　三角带的安装　　　图 3-44　三角皮带在轮槽的位置

2. 皮带的连接

传动带的连接，应符合随机技术文件的规定；无规定时，应符合下列要求：

（1）皮革带的两端应削成斜面，如图 3-45（*a*）所示；橡胶布带的两端应按帘子布层剖割成阶梯形状，如图 3-45（*b*）所示，接头长度宜为带宽度的 1～2 倍。

（2）胶粘剂的材质与传动带的材质，应具有相同的弹性和胶粘性能。

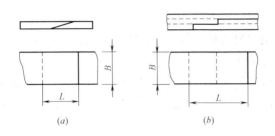

图 3-45　传动带接头的剖割形状

（a）皮革带；（b）橡胶布带

L—接头长度；B—带宽度

（3）接头应牢固；接头处增加的厚度不应超过传动带厚度的5%；并应使接头两边的同侧带边成为一条直线。

（4）胶粘剂固化的温度、压力、时间等，应符合胶合剂的技术要求。

（5）传动带接头时，应顺着传动带运转方向相搭接，如图 3-46所示。

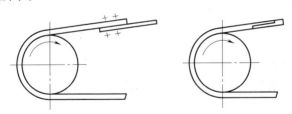

图 3-46　平带搭接方向与带轮转向

（6）金属连接扣连接时，应使连接扣销轴与带边垂直。

3.6.3　皮带张紧力的检查和调整

传动平皮带需要预拉时，皮带张紧力（预拉力）应为工作拉力的 1.5～2 倍，预拉持续时间应约为 24h。

1. 皮带张紧力检查

皮带张紧力的大小是保证皮带正常传动的重要因素。张紧力过小，皮带容易打滑；过大胶带寿命低，轴和轴承受力大。合适的张紧力可根据以下经验判断：

（1）用大拇指在三角皮带切边的中间处，能将三角皮带按下15mm左右即可。

（2）通过带与两带轮的切边中点处垂直带边加一载荷 T，如图 3-47 所示，使产生合适的张紧力所对应的挠度值 y，其计算公式如下：

$$y = a/50 \tag{3-12}$$

式中　y——三角皮带挠度值（mm）；

　　　a——两皮轮中心距（mm）。

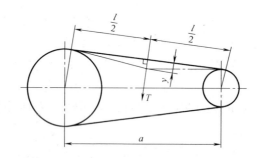

图 3-47　检验传动带预紧力加载示意图

2. 皮带张紧力调整

调整张紧力的方法，常用的有改变皮带轮中心距，如图 3-48 所示。

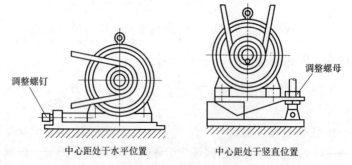

中心距处于水平位置　　　　　　中心距处于竖直位置

图 3-48　改变皮带轮中心距

采用张紧轮装置，如图 3-49 所示，张紧轮一般应放在松边外侧，并靠近小皮带轮处，以增大其包角改变皮带长度。安装皮带时，使皮带周长稍小于皮带安装长度，皮带接好套上皮带轮之后，可给皮带产生一定的初拉力。

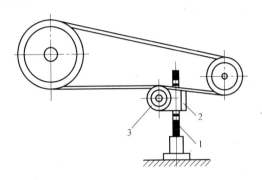

图 3-49　利用张紧轮调整张紧力示意图
1—螺杆；2—张紧轮固定螺母；3—张紧轮

3.7　齿轮装配和调整

3.7.1　齿轮传动件装配

（1）对零件进行清洗，去除毛刺，并按图纸要求校对零件的尺寸、几何形状、精度、表面粗糙度等是否符合要求。

（2）处于水平位置的两啮合齿轮轴，采用滑动轴承支撑时，应使两轴承的轴向水平度一致。

（3）装在花键轴上的齿轮或沿轴向滑动的齿轮，应能在轴上灵活、平稳地滑动。

（4）齿轮和蜗轮装配时，其基准面端面与轴肩或定位套端面应靠紧贴合，且用 0.05mm 塞尺检查不应塞入；基准端面与轴线的垂直度应符合传动要求。

（5）相互啮合的圆柱齿轮副的轴向错位，齿宽小于等于

100mm 时，轴向错位应小于等于齿宽的 5％；齿宽大于 100mm 时，轴向错位应小于等于 5mm。

3.7.2　齿轮径向、轴向跳动检查

齿轮与轴装配后不得有偏心或歪斜现象，如图 3-50 所示。齿轮径向、轴向跳动应符合图纸规定，其检查方法如图 3-51 所示。

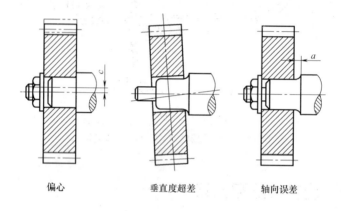

偏心　　　　　　垂直度超差　　　　　轴向误差

图 3-50　齿轮在轴上的装配质量问题

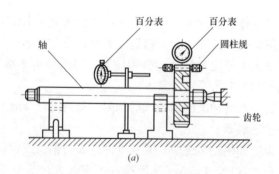

(a)

图 3-51　齿轮径向、端面跳动量的测量

(a) 齿轮径向圆跳动测量

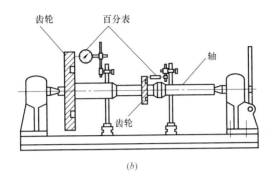

(b)

图 3-51 齿轮径向、端面跳动量的测量（续）

（b）齿轮端面圆跳动测量

3.7.3 蜗轮副传动中心距的极限偏差

装配轴中心线平行且位置为可调结构的渐开线圆柱齿轮副时，其中心距的极限偏差应符合随机技术文件的规定。装配中心距可调整蜗轮副时，其中心距的极限偏差应符合表 3-30 的规定。蜗杆与蜗轮传动最小法向侧间隙，应符合随机技术文件的规定。圆柱、圆锥齿轮啮合时的最大极限侧隙和最小极限侧隙，应符合设计的规定。

蜗轮副传动中心距的极限偏差   表 3-30

传动中心距 （mm）	精密等级											
	1	2	3	4	5	6	7	8	9	10	11	12
	极限偏差（μm）											
≤30	3	5	7	11	17	26		42		65		
>30~50	3.5	6	8	13	20	31		50		80		
>50~80	4	7	10	15	23	37		60		90		
>80~120	5	8	11	18	27	44		70		110		
>120~180	6	9	13	20	32	50		80		125		

传动中心距 （mm）	精密等级												
	1	2	3	4	5	6	7	8	9	10	11	12
	极限偏差（μm）												
>180～250	7	10	15	23	36		58		92		145	
>250～315	8	12	16	26	40		65		105		160	
>315～400	9	13	18	28	45		70		115		180	
>400～500	10	14	20	32	50		78		125		200	
>500～630	11	15	22	35	55		87		140		220	
>630～800	13	13	25	40	62		100		160		250	
>800～1000	15	20	28	45	70		115		180		280	
>1000～1250	17	23	33	52	82		130		210		330	
>1250～1600	20	27	39	62	97		155		250		390	
>1600～2000	24	32	46	75	115		185		300		460	
>2000～2500	29	39	55	87	140		220		350		550	

3.7.4 着色法检查传动齿轮啮合的接触斑点

如图 3-52 所示，用着色法检查传动齿轮啮合的接触斑点应符合下列要求：

（1）应将颜色涂在小齿轮或蜗杆上，在轻微制动下，用小齿轮驱动大齿轮，使大齿轮转动 3～4 转。

（2）圆柱齿轮和蜗轮的接触斑点，应趋于齿侧面中部；圆锥齿轮的接触斑点，应趋于齿侧面的中部并接近小端；齿顶和齿端棱边不应有接触。

（3）接触斑点的百分率，应按下列公式计算：

$$n_1 = \frac{d_1 - d_2}{B} \times 100 \qquad (3-13)$$

$$n_2 = \frac{h_p}{h_g} \times 100 \qquad (3-14)$$

式中　n_1——齿长方向百分率（％）；

　　　n_2——齿高方向百分率；

　　　d_1——接触痕迹极点间的距离（mm）；

　　　d_2——超过模数值的断开距离（mm）；

　　　B——齿全长（mm）；

　　　h_p——圆柱齿轮和蜗轮副的接触痕迹平均高度或圆锥齿轮
　　　　　　副的齿长中部接触痕迹的高度（mm）；

　　　h_g——圆柱齿轮和蜗轮副齿的工作高度或圆锥齿轮副相应
　　　　　　于 h_p 处的有效齿高（mm）。

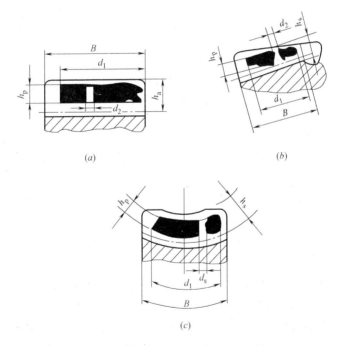

图 3-52　着色法检查传动齿轮啮合的接触斑点

（a）圆柱齿轮；（b）圆锥齿轮；（c）蜗轮

（4）接触斑点的百分率，不应小于表 3-31 的规定，宜采用透明胶带取样，并贴在坐标纸上保存、备查。

传动齿轮啮合的接触斑点百分率（%）　　表 3-31

精度等级	圆柱齿轮		圆锥齿轮		蜗	轮
	沿齿高	沿齿长	沿齿高	沿齿长	沿齿高	沿齿长
5	55	80	65～85	60～80	65	60
6	50	70	55～75	50～70	65	60
7	45	60	55～75	50～70	55	50
8	40	50	40～70	30～65	55	50
9	30	40	40～70	30～65	45	40
10	25	30	30～60	25～55	45	40
11	20	30	30～60	25～55	30	

（5）可逆转的齿轮副，齿的两面均应检查。

3.7.5 圆柱齿轮、圆锥齿轮啮合间隙的检查方法

圆柱齿轮、圆锥齿轮啮合间隙的检查可选下列方法之一。

1. 塞尺法

用塞尺直接测出齿轮啮合顶间隙和侧间隙，其测得的数值比实际偏小。

2. 压铅法

用压铅法检查齿轮啮合间隙时，铅条直径不宜超过间隙的 3 倍，铅条的长度不应小于 5 个齿距，沿齿宽方向应均匀放置不少于 2 根铅条。

如图 3-53 所示，测量时将铅丝放置在小齿轮两端各一根，对齿宽较大者可酌情放 3～4 根，铅丝直径不宜超过侧隙的 4 倍。铅丝的端部应放齐，均匀转动齿轮，使铅丝受到碾压，用千分尺测量其厚度。最厚部分的数值为齿顶间隙，相邻两较薄部分的数值之和即为齿侧间隙。

3. 百分表法

如图 3-54 所示，其测量方法将一个齿轮固定，在另一个齿轮上装上夹紧杆 1，来回摆动该齿轮，在百分表 2 上即可读数为

j，设分度圆半径为 R，指针长度为 L，即齿侧间隙为

$$j_n = jR/L \qquad (3\text{-}15)$$

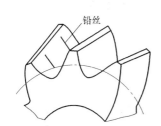

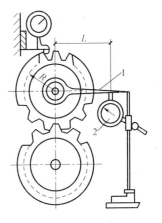

图 3-53 压铅法检查齿轮啮合间隙   图 3-54 百分表法检测齿轮侧隙

137

4 典型设备安装

4.1 普通设备的就位、找正、找平

4.1.1 设备的放线、就位

1. 确定安装基准线、设备中心线

（1）设备就位前，应按施工图和相关建筑物的轴线、边缘线、标高线，画定安装的基准线。

（2）平面位置安装基准线与基础实际轴线或与厂房墙、柱的实际轴线、边缘线的距离，其允许偏差为±20mm。

（3）设备定位的基准线，应以车间柱子的纵横中心线或墙的边缘放出。

当厂房内找不到主轴线时，且设备基础上有中心点时，则可以设备基础为基准定出安装用的基准中心线。

（4）相互有连接、衔接或排列关系的机械设备，应划定共同的安装基准线，并应按设备的具体要求埋设中心标板或基准点。中心标板或基准点的埋设应正确和牢固，其材料宜选用铜材或不锈钢材。

1）同类设备纵横向排列或成角度排列时，必须对齐，倾斜角度须一致，如图 4-1 和图 4-2 所示。

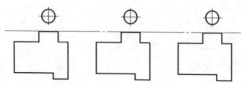

图 4-1 同类设备直线排列

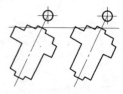

图 4-2 同类设备平行斜置排列

2）不同类型设备，纵横向成直线及角度排列时，其正面操纵位置必须排列整齐，如图 4-3 和图 4-4 所示。

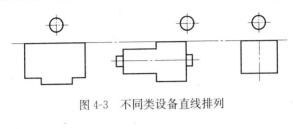

图 4-3　不同类设备直线排列

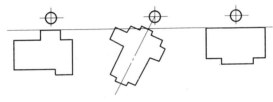

图 4-4　不同类型设备直线、角度交错排列

（5）设备定位的量度起点，若施工图或平面图有明确规定者，按图上的规定执行；如有轮廓形状者，应以设备的最外点（如车床正面的溜板箱手柄端，床头的皮带罩等）算起。

（6）基础平面较长、标高不一致时，应采用拉线挂线坠的方法或用经纬仪确定中心点后，再画出纵横基准线，两线应比设备底座长 300～500mm。

2. 设备定位拉线

（1）拉线的工具应符合下列要求：

1）钢丝：钢丝的直径宜为 0.35～0.5mm，视拉线的距离而定。钢丝不应有波折或打结。

2）线坠：吊线坠的直径宜选择 25～50mm，线坠的锤尖应在中心，在吊线时不应摇摆不定。

3）线架：线架应有调心装置，通过转动螺杆调整其左右位置。

（2）拉线时应符合下列规定：

1）拉线距离不宜超过 40m。

2）拉线时钢丝拉紧力宜为线材拉断力的 $30\%\sim80\%$，精度要求高时，可选取较大的数值。

（3）在所拉的线上对准中心点处各挂一线坠，以调整中心位置，挂线坠系线时，其线接头应接在同一侧。

（4）钢丝线不应碰触其他物体，以免产生偏斜。两交叉的纵横中心线，长线应在下方，短线应在上方，两者之间相隔一定距离，防止相互接触。

（5）应在钢丝线上挂醒目标识，以避免被人碰到或碰断。

3. 设备就位

（1）设备就位前，重量较大设备的临时放置位置，应根据建筑结构设计的荷重资料选择在能够承受的地方。严禁在不了解设备重量或建筑结构承载强度的情况下任意放置。

（2）设备底座应画出就位纵横基线。

（3）有连接、衔接关系的设备定位，应先定主体设备，再以主体设备定附属设备。

（4）固定在地坪上的整体或刚性连接的设备，不应跨越地坪伸缩缝及沉降缝。

4.1.2 设备找正、调平要求

1. 测量位置

机械设备找正、调平的测量位置，当随机技术文件无规定时，宜在下列部位中选择：

（1）机械设备的主要工作面（如铣床工作台、辊道辊子的圆柱表面等）。

（2）支承滑动部件的导向面（如车床床身导轨、水压机立柱等）。

（3）轴颈或外露轴的表面（如组装的压缩机曲轴主轴表面或轴承轴线等）。

（4）部件上加工精度较高的表面（如锻锤砧座的上平面等）。

（5）机械设备上应为水平或垂直的主要轮廓面（如容器外

壁、主法兰面等）。

（6）连续输送设备和金属结构宜选在主要部件的基准面的部位，相邻两测点间距离不宜大于 6m。

2. 定位基准的面、线或点

（1）机械设备找正、调平的定位基准的面、线或点确定后，其找正、调平应在确定的测量位置上进行检验，且应做好标记，复检时应在原来的测量位置。

（2）机械设备定位基准的面、线或点与安装基准线的平面位置和标高的允许偏差，应符合表 4-1 的规定。

机械设备定位基准的面、线或点与安装基准线的平面位置
和标高的允许偏差　　　　　表 4-1

项　　目	允许偏差(mm)	
	平面位置	标高
与其他机械设备无机械联系的	±10	+20，−10
与其他机械设备有机械联系的	±2	±1

（3）机械设备安装精度的偏差，宜符合下列要求：

1）能补偿受力或温度变化后所引起的偏差。

2）能补偿使用过程中磨损所引起的偏差。

3）不增加功率损耗。

4）使转动平稳。

5）有利于提高工件的加工精度。

4.1.3　设备调平、找正的测量

设备调平、找正应在设备处于自由状态下进行，不得采用拧紧或放松地脚螺栓或局部加压等方法，使其强行变形来达到安装要求。

1. 设备调平、找正测量要求

（1）较小的测量面可直接用水平仪检测。对于较大的测量面应在双面桥（平尺）上架设水平仪检测。水平仪底面与被测量面

均应擦拭干净，接触良好，并用塞尺检查间隙。

（2）在高度不同的加工面上用平尺测量水平度时，应在低的平面上放置块规或特制垫块。

（3）在有斜度的测量面上测量水平度时，应用角度水平器或准确的样板或垫块。

（4）水平仪在使用时，应正反各测一次。取正反两个方向的数据取中值作为结果，以修正水平仪本身的误差。测量时，应避开灯具、人的呼吸等热源，以避免影响测量结果的准确性。

（5）检测水平度所用水平仪、双面桥（平尺）等，必须校验合格。

2. 找正设备中心点的方法

设备在找正前，应选择合适的方法找出每台设备的中心点，作为设备找正的根据。常用的方法如下：

（1）挂边线法：适用于圆形机件，如图4-5所示。

（2）利用加工的圆孔：适用于轴瓦、加工的圆孔，如图4-6所示。

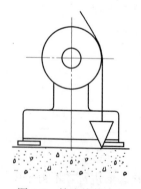

图4-5　挂边线找中心

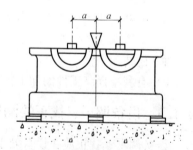

图4-6　根据轴瓦瓦口找中心

a—两轴瓦瓦口中心与定位测量线坠距离

（3）利用轴端：适用于短轴且轴端外露，如图4-7所示。

（4）利用侧加工面：适用于中心两侧对称，如图4-8所示。

（5）利用设备的钻孔：适用于设备底座，如图4-9所示。

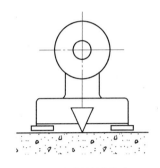

图 4-7　根据轴端找中心

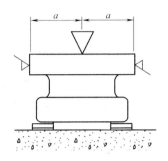

图 4-8　根据侧加工面找中心

（6）利用样板：如图 4-10 所示。

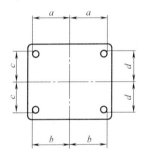

图 4-9　根据钻孔找中心
a、b、c、d—各个设备钻孔与
设备底座中心线距离

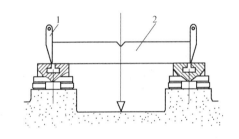

图 4-10　利用样板找中心
1—塞规；2—样板桥

（7）卡具摆渡跨测：适用于回转件，如图 4-11 所示。

（8）拉钢丝、用内径千分尺测量：适用于汽缸体、轴承洼窝，如图 4-12 所示。

3. 坠重法测量直线度、平行度和同轴度

（1）当采用坠重法张紧钢丝作为基准来测量直线度、平行度和同轴度时，该钢丝应按照下列要求选材、支撑、张拉、计算和使用：

1）宜选用直径为 0.35～0.5mm 的整根，不打结、无折痕钢丝。

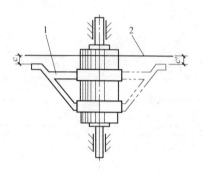

图 4-11 跨测找中心

1—卡具；2—钢丝

c、d—回转件卡具对侧与测量钢丝间距

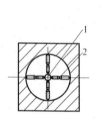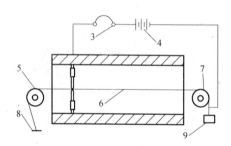

图 4-12 拉钢丝找中心法

1—钢丝；2—内径千分尺；3—耳机；4—电池；5—滑轮；

6—钢丝；7—滑轮；8—拴挂点；9—坠重

2) 两端应用滑轮支撑在同一标高面上。

3) 当选配重锤重量时，重锤产生的水平拉力与钢丝直径可按下式计算：

$$P=156.168d^2 \qquad (4\text{-}1)$$

式中 P——水平拉力（N）。

d——钢丝直径（mm）。

4) 测点处钢丝下垂度可按下式计算：

$$f_u=40 \cdot L_1 \cdot L_2 \qquad (4\text{-}2)$$

144

式中　f_u——下垂度（μm）。

　　L_1、L_2——由两支点分别到测点处的距离（m）。

　　（2）当采用吊线锤测量时，还要符合下列要求：

　　1）不宜在有风的室外使用。

　　2）吊线锤的锤线应抗拉、柔软而且表面均匀光整。

　　3）为了减少垂线的摆动，在对完中心后，要将线锤自由浸放在中度黏稠的油液内。

　　4）锤线不得打结，锤重应为锤线破断拉力的 $30\%\sim50\%$。

4. 设备标高面的选择和测量

　　找标高时，对于联动机组宜利用机械加工面间的相互高度关系。在调整标高的同时，应兼顾其水平度，二者必须同时进行调整。设备标高面的选择和测量，可参照以下各项内容。

　　（1）测量面为平面时，可采用水平仪、双面平桥（平尺）、千分尺进行，如图 4-13～图 4-16 所示。

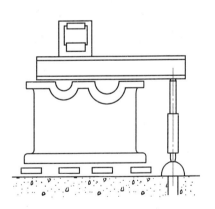

图 4-13　加工面找标高

　　（2）测量面为曲面时，可采用水平仪、圆棒、千分尺进行测量，如图 4-17 和图 4-18 所示。

　　（3）测量面为斜面时，可采用水平仪、双面平桥（平尺）、千分尺进行测量，如图 4-19 和 4-20 所示。

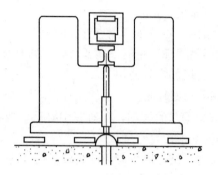

图 4-14 在凹槽内找标高

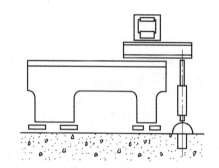

图 4-15 机床加工面找标高

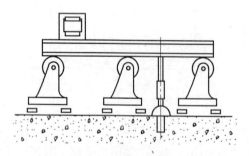

图 4-16 轨道找标高

（4）测量面为轴顶部时，可采用水平仪、双面平桥（平尺）、千分尺进行测量，如图 4-21 所示。

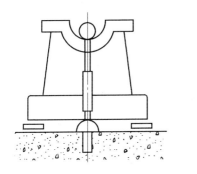

图 4-17　圆曲面内找标高

图 4-18　弧面找标高

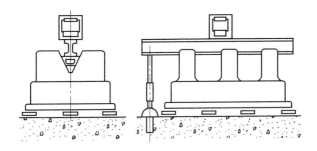

图 4-19　利用样板找标高在样板上架双面桥、水平仪，用千分尺测量

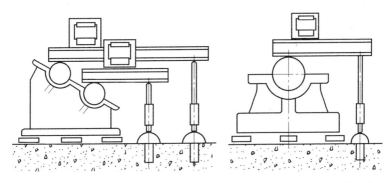

图 4-20　斜面找标高

图 4-21　在轴面上度量标高

（5）测量面为平面、曲面、斜面、轴顶部时，可采用光学水准仪、标尺、吊线锤进行测量，如图 4-22 所示。

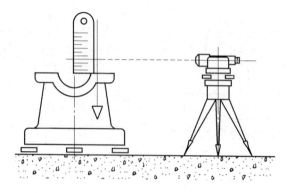

图 4-22　用水准仪、标尺、吊线锤找标高

4.2　小型离心泵安装

4.2.1　泵的开箱检查、清洗和检查

1. 泵的开箱检查

（1）按装箱单清点泵的零件和部件、附件和专用工具，应无缺件；防锈包装应完好，无损坏和锈蚀；管口保护物和堵盖应完好。

（2）核对泵的主要安装尺寸，并应与工程设计相符。

（3）应核对输送特殊介质的泵的主要零件、密封件以及垫片的品种和规格。

2. 泵的清洗和检查

（1）整体出厂的泵在防锈保证期内，其内部零件不宜拆卸，可只清洗外表。当超过防锈保证期或有明显缺陷需拆卸时，其拆卸、清洗和检查应符合随机技术文件的规定；无规定时，应符合下列要求：

1）拆下叶轮部件应清洗洁净，叶轮应无损伤。

2）冷却水管路应清洗洁净，并应保持畅通。

148

3）管道泵和共轴式泵不宜拆卸。

（2）解体出厂的泵的清洗和检查，应符合下列要求：

1）泵的主要零件、部件和附属设备、中分面和套装零件、部件的端面不得有擦伤和划痕；轴的表面不得有裂纹、压伤及其他缺陷。清洗洁净后应去除水分，并应将零件、部件和设备表面涂上润滑油，同时应按装配顺序分类放置。

2）泵壳垂直中分面不宜拆卸和清洗。

4.2.2 泵的找正、调平

1. 泵安装水平

整体安装的泵安装水平，应在泵的进、出口法兰面或其他水平面上进行检测，纵向安装水平偏差不应大于 0.10/1000，横向安装水平偏差不应大于 0.20/1000。

解体安装的泵的安装水平，应在水平中分面、轴的外露部分、底座的水平加工面上纵、横向放置水平仪进行检测，其偏差均不应大于 0.05/1000。

2. 大、中型泵机组找正、调平

（1）应以泵轴或驱动机轴为基准，依次找正、调平变速器（中间轴）和泵体或驱动机；其纵、横向安装水平偏差不应大于 0.05/1000；机组轴系纵向安装水平的方向应相同且使轴系形成平滑的轴线，横向安装水平方向不宜相反。

（2）联轴器的径向位移、轴向倾斜和端面间隙，应符合随机技术文件的规定；无规定时，应符合现行国家标准《机械设备安装工程施工及验收通用规范》GB 50231 的有关规定；联轴器应设置护罩，护罩应能罩住联轴器的所有旋转零件。

（3）汽轮机驱动，输出为高温或低温介质和常温泵轴系在静态下找正、调平时，应按设计规定预留其高温、低温下温度变化的补偿值和动态下温度变化的补偿值。

3. 泵的找正

（1）驱动机轴与泵轴、驱动机轴与变速器轴以联轴器连接时，两半联轴器的径向位移、端面间隙、轴线倾斜，应符合随机技术文件的规定。

（2）驱动机轴与泵轴以皮带连接时，两轴的平行度、两轮的偏移，应符合现行国家标准《机械设备安装工程施工及验收通用规范》GB 50231 的有关规定。

（3）汽轮机驱动的泵和输送高温、低温液体的泵在常温状态下找正时，应按设计规定预留其温度变化的补偿值。

4.2.3 离心泵安装

（1）解体出厂的泵安装时，密封环应牢固地固定在泵体或叶轮上；密封环间的运转间隙应符合随机技术文件的规定。

（2）大型解体泵安装时，应测量转子叶轮、轴套、叶轮密封环、平衡盘、轴颈等主要部位的径向和端面跳动值，其允许偏差应符合随机技术文件的规定；无规定时，轴和轴套装配后，在通过填料函外端面径向平面处的径向跳动值应符合表 4-2 的规定。

轴和轴套外端面径向平面处的径向跳动值　　　　表 4-2

公称直径(mm)	轴的径向跳动值(μm)
<50	<50
50～100	<80
>100	<100

（3）叶轮在蜗室内的前轴向、后轴向间隙，节段式多级泵的轴向尺寸应符合随机技术文件的规定；多级泵各级平面间原有垫片的厚度不得变更。高温泵平衡盘（鼓）和平衡套之间的轴向间隙，单平衡盘结构宜为 0.04～0.08mm，平衡盘、平衡鼓联合结构宜为 0.35～1mm；推力轴承和止推盘之间的轴向总间隙，单壳体节段式泵应为 0.5～1mm，双壳体泵应为 0.5～0.7mm。

（4）叶轮出口的中心线应与泵壳流道中心线对准；多级泵在平衡盘与平衡板靠紧时，叶轮出口的宽度应在导叶进口宽度范围内。

（5）滑动轴承轴瓦背面与轴瓦座应紧密贴合，其过盈值应为 0.02～0.04mm；轴瓦与轴颈的顶间隙和侧间隙，应符合随机技术文件的规定。

（6）滚动轴承与轴和轴承座的配合公差、滚动轴承与端盖间的轴向间隙，以及介质温度引起的轴向膨胀间隙、向心推力轴承的径向游隙及其预紧力，应按随机技术文件的规定进行检查和调整；无规定时，应符合现行国家标准《机械设备安装工程施工及验收通用规范》GB 50231 的有关规定。

（7）组装填料密封径向总间隙，应符合随机技术文件的规定；无规定时，应符合表 4-3 的规定。填料压紧后，填料环进液口与液封管应对准或使填料环稍向外侧。

组装填料密封的径向总间隙（mm）　　　　表 4-3

组装件名称	径向总间隙
填料环与轴承	1.00～1.50
填料环与填料箱	0.15～0.20
填料压盖与轴承	0.75～1.00
填料压盖与填料箱	0.10～0.30
有底环时,底环与轴套	0.70～1.00

（8）机械密封、浮动环密封、迷宫密封及其他形式的轴密封件各部分间隙和接触要求，应符合随机技术文件的规定；无规定时，应符合现行国家标准《机械设备安装工程施工及验收通用规范》GB 50231 的有关规定。

（9）轴密封件组装后，盘动转子的转动应灵活；转子的轴向窜动量，应符合随机技术文件的规定。

4.2.4　管道的安装

1. 安装要求

管道的安装除应符合现行国家标准《工业金属管道工程施工及验收规范》GB 50235 的有关规定外，尚应符合下列要求：

（1）管子内部和管端应清洗洁净，并应清除杂物；密封面和螺纹不应损伤。

（2）泵的进、出管道应有各自的支架，泵不得直接承受管道、阀门等的质量。

（3）相互连接的法兰端面应平行；螺纹管接头轴线应对中，不应借法兰螺栓或管接头强行连接；泵体不得受外力而产生变形。

（4）密封的内部管路和外部管路，应按设计规定和标记进行组装；其进、出口和密封介质的流动方向，严禁发生错乱。

（5）管道与泵连接后，应复检泵的原找正精度；当发现管道连接引起偏差时，应调整管道。

（6）管道与泵连接后，不应在其上进行焊接和气割；当需焊接和气割时，应拆下管道或采取必要的措施，并应防止焊渣进入泵内。

（7）液压、润滑、冷却、加热的管路安装，应符合现行国家标准《机械设备安装工程施工及验收通用规范》GB 50231 的有关规定。

2. 泵的吸入和排出管路的配置

泵的吸入和排出管道的配置应符合设计规定；无规定时，应符合以下要求。

（1）与泵连接的管路应具有独立、牢固的支承。

（2）吸入和排出管路的直径，不应小于泵的入口和出口直径。

（3）吸入管路宜短，并宜减少弯头。

（4）当采用变径管时，变径管的长度不应小于管径差的 5～7 倍。

（5）如图 4-23 所示，泵的吸入管道的安装应不得有空气团存在。当泵的安装位置高于吸入液面时，吸入管路的任何部分均不应高于泵的入口；水平吸入管道应向泵的吸入口方向倾斜，斜度不应小于 5‰。

（6）高温管路应设置膨胀节。

（7）阀门应按工程设计图要求设置。

（8）两台及以上的泵并联时，每台泵的出口均应装设止回阀。

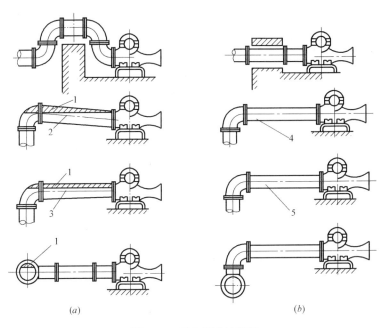

图 4-23　吸入管道的安装

（*a*）不正确；（*b*）正确

1—空气团；2—向水泵下降；3—同心变径管；4—向水泵上升；5—偏心变径管

3. 离心泵的管路配置

离心泵的管路配置除应符合上述 2 中的要求外，尚应符合下列要求：

（1）吸入管路应符合下列要求：

1）泵入口前的直管段长度不应小于入口直径的 3 倍，如图 4-24 所示。

2）当泵的安装位置高于吸入液面、泵的入口直径小于350mm 时，应设置底阀；入口直径大于或等于 350mm 时，应设置真空引水装置。

3）吸入管口浸入水面下的深度不应小于入口直径的 1.5～2 倍，且不应小于 500mm；吸入管口距池底的距离，不应小于入口直径的 1～1.5 倍，且不应小于 500mm；吸入管口中心距池壁的距离，不应小于入口直径的 1.25～1.5 倍；相邻两泵吸入口中心距离，不应小于入口直径的 2.5～3 倍，如图 4-25 所示。

4）当吸入管路装置滤网时，滤网的总过流面面积，不应小于吸入管口面积的 2～3 倍。

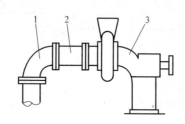

图 4-24 吸入管安装

1—弯管；2—直管段；3—泵

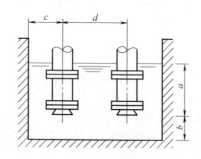

图 4-25 吸入池尺寸

a—吸入管口浸入水面的深度；b—吸入管口距池底的距离；

c—吸入管口中心距池壁的距离；d—相邻两泵吸入口中心距离

5）可在吸水池进口或吸入管周围加设拦污网或拦污栅。

6）泥浆泵、灰渣泵和砂泵应在倒灌情况下运转。倒灌高度宜为 2～3m，且吸入管宜倾斜 30°。

（2）泵的排出管路，应符合下列要求。

1）应装设闸阀，闸阀内径不应小于管子内径；旋涡泵尚应装设安全阀。

2）当扬程大于20m时，应装设止回阀。

3）杂质泵的进、出口管路，均不应急剧转弯。

4.2.5 泵的严密性试验

解体出厂的泵组装后，其承压件和管路应进行严密性试验；泵体及其排出管路等试验压力宜为最大工作压力，并应保压10min，系统应无渗漏和泄漏；加热、冷却及其夹套等的试验压力应为最大工作压力，并不应低于0.6MPa，且应保压10min，系统应无渗漏和泄漏。

安全阀、溢流阀或超压保护装置应调整至正常开启压力，其全流量压力和回座压力应符合随机技术文件的规定。

4.2.6 泵振动的检测及其限值

1. 测量仪器要求

选用的测量仪器应能直接测取振动速度的有效值，泵的测量仪器的频率范围宜为 $10 \sim 1000Hz$。泵的转速小于或等于600r/min时，其测量仪器频率范围的下限宜为2Hz；测量允许偏差为指示值的 $\pm10\%$。

2. 泵的振动测量工况

离心泵、混流泵、轴流泵等叶片泵在小流量、额定流量和大流量三个工况点，应在规定转速的允许偏差为 $\pm5\%$，且不得在有气蚀状态下进行测量。齿轮泵、螺杆泵、滑片泵等容积泵在规定转速允许偏差为 $\pm5\%$ 和工作压力的条件下进行测量。

3. 泵振动的测量点位置和测量方向

（1）单级和两级悬臂泵应在悬架或托架的轴承座部位测量，且每个测量点应在垂直、水平、轴向三个方向进行测量。

（2）双级和多级离心泵应在两端轴承座上测量，且每个位置应在垂直、水平、轴向三个方向进行测量。

（3）齿轮泵、滑片泵和卧式螺杆泵，应在输出轴的两端、机壳轴承处测量，且每个位置应在垂直、水平、轴向三个方向进行测量。

（4）立式泵应在泵支座、泵与电机连接处和出口法兰上测量，且每个位置应在垂直、水平、轴向三个方向进行测量。

4. 泵的振动速度有效值的限值

（1）泵的振动速度有效值的限值，应符合表 4-4 的规定。

泵的振动速度有效值的限值（mm/s）　　　　表 4-4

泵的类别	振动速度有效值
第一类	≤2.08
第二类	≤4.50
第三类	≤7.10
第四类	≤11.20

（2）泵的类别，应根据泵的中心高和泵的转速按表 4-5 的规定确定。

泵的类别　　　　表 4-5

泵的类别	泵的中心高(mm)		
	≤225	>225～550	>550
	泵的转速(r/min)		
第一类	≤1800	≤1000	—
第二类	>1800～4500	>1000～1800	>600～1500
第三类	>4500～12000	>1800～4500	>1500～3600
第四类	—	>4500～12000	>3600～12000

4.2.7　泵的试运转

1. 泵试运转前的检查

（1）润滑、密封、冷却和液压等系统应清洗洁净并保持畅通，其受压部分应进行严密性试验。

（2）润滑部位加注的润滑剂的规格和数量应符合随机技术文件的规定，有预润滑、预热和预冷要求的泵应按随机技术文件的规定进行。

（3）泵的各附属系统应单独试验调整合格，并应运行正常。

（4）泵体、泵盖、连杆和其他连接螺栓与螺母应按规定的力矩拧紧，并应无松动；联轴器及其他外露的旋转部分均应有保护罩，并应固定牢固。

（5）泵的安全报警和停机连锁装置经模拟试验，其动作应灵敏、正确和可靠。

（6）经控制系统联合试验各种仪表显示、声讯和光电信号等，应灵敏、正确、可靠，并应符合机组运行的要求。

（7）盘动转子，其转动应灵活、无摩擦和阻滞。

2. 泵试运转要求

（1）试运转的介质宜采用清水；当泵输送介质不是清水时，应按介质的密度、比重折算为清水进行试运转，流量不应小于额定值的20%；电流不得超过电动机的额定电流。

（2）润滑油不得有渗漏和雾状喷油；轴承、轴承箱和油池润滑油的温升不应超过环境温度40℃，滑动轴承的温度不应大于70℃；滚动轴承的温度不应大于80℃。

（3）泵试运转时，各固定连接部位不应有松动；各运动部件运转应正常，无异常声响和摩擦；附属系统的运转应正常；管道连接应牢固、无渗漏。

（4）轴承的振动速度有效值应在额定转速、最高排出压力和无气蚀条件下检测，检测及其限值应符合随机技术文件的规定；无规定时，应参见上述4.2.6中的相关内容。

（5）泵的静密封应无泄漏；填料函和轴密封的泄漏量不应超过随机技术文件的规定。

（6）润滑、液压、加热和冷却系统的工作应无异常现象。

（7）泵的安全保护和电控装置及各部分仪表应灵敏、正确、可靠。

3. 高温泵在高温条件下试运转

高温泵在高温条件下试运转前，除应符合上述 1 中的相关要求外，尚应符合下列要求：

（1）试运转前应进行泵体预热，温度应均匀上升，每小时温升不应超过 50℃；泵体表面与工作介质进口的工艺管道的温差，不应超过 40℃。

（2）预热时应每隔 10min 盘车半圈，温度超过 150℃时，应每隔 5min 盘车半圈。

（3）泵体机座滑动端螺栓处和导向键处的膨胀间隙，应符合随机技术文件的规定。

（4）轴承部位和填料函的冷却液应接通。

（5）应开启入口阀门和放空阀门，并应排出泵内气体；应在预热到规定温度后，再关闭放空阀门。

4. 低温泵在低温介质下试运转

低温泵在低温介质下试运转前，除应符合上述 1 中的相关要求外的规定外，尚应符合下列要求：

（1）预冷前应打开旁通管路。

（2）管道和蜗室内应按工艺要求进行除湿处理。

（3）预冷时应全部打开放空阀门，宜先用低温气体进行冷却，然后再用低温液体冷却，缓慢均匀地冷却到运转温度，直到放空阀口流出液体，再将放空阀门关闭。

（4）应放出机械密封腔内空气。

5. 泵启动

（1）离心泵应打开吸入管路阀门，并应关闭排出管路阀门；高温泵和低温泵应符合随机技术文件的规定。

（2）泵的平衡盘冷却水管路应畅通；吸入管路应充满输送液体，并应排尽空气，不得在无液体情况下启动。

（3）泵启动后应快速通过喘振区。

（4）转速正常后应打开出口管路的阀门，出口管路阀门的开启不宜超过 3min，并应将泵调节到设计工况，不得在性能曲线驼峰处运转。

6. 泵试运转

泵试运转时除应符合上述 2 的相关要求外，尚应符合下列要求：

（1）机械密封的泄漏量不应大于 5mL/h，高压锅炉给水泵机械密封的泄漏量不应大于 10mL/h；填料密封的泄漏量不应大于表 4-6 的规定，且温升应正常；杂质泵及输送有毒、有害、易燃、易爆等介质的泵，密封的泄漏量不应大于设计的规定值。

填料密封的泄漏量　　　　　　　　表 4-6

设计流量（m³/h）	≤50	>50～100	>100～300	>300～1000	>1000
泄漏量（mL/min）	15	20	30	40	60

（2）工作介质比重小于 1 的离心泵用水进行试运转时，控制电动机的电流不得超过额定值，且水流量不应小于额定值的 20%；用有毒、有害、易燃、易爆颗粒等介质进行运转的泵，其试运转应符合随机技术文件的规定。

（3）低温泵不得在节流情况下运转。

（4）泵的振动值的检测及其限值，应符合随机技术文件的规定。

（5）泵在额定工况下连续试运转时间不应少于表 4-7 规定的时间；高速泵及特殊要求的泵试运转时间应符合随机技术文件的规定。

泵在额定工况下连续试运转时间　　　表 4-7

泵的轴功率（kW）	连续试运转时间（min）
<50	30
50～100	60
100～400	90
>400	120

（6）系统在试运转中应检查下列各项，并应做好记录：

1）润滑油的压力、温度和各部分供油情况。

2）吸入和排出介质的温度、压力。

3）冷却水的供水情况。

4）各轴承的温度、振动。

5）电动机的电流、电压、温度。

7. 泵停止试运转

（1）离心泵应关闭泵的入口阀门，待泵冷却后应再依次关闭附属系统的阀门。

（2）高温泵的停机操作应符合随机技术文件的规定；停机后应每隔 20～30min 盘车半圈，并应直到泵体温度降至 50℃为止。

（3）低温泵停机，当无特殊要求时，泵内应经常充满液体；吸入阀和排出阀应保持常开状态；采用双端面机械密封的低温泵，液位控制器和泵密封腔内的密封液应保持为泵的灌泵压力。

（4）输送易结晶、凝固、沉淀等介质的泵，停泵后，应防止堵塞，并应及时用清水或其他介质冲洗泵和管道。

（5）应放净泵内积存的液体。

4.3 风机的安装、找正、找同心

4.3.1 设备基础验收

通风机安装前，应根据设计图纸的要求，对设备基础进行全面检查。风机落地安装的基础标高、位置及主要尺寸、预留洞的位置和深度应符合设计要求；基础表面应无蜂窝、裂纹、麻面、露筋；基础表面应水平。

带地脚螺栓无减震装置的风机安装前，应在基础表面铲出麻面，使二次浇灌的混凝土或水泥砂浆能与基础紧密结合；带减振装置的风机基础必须平整、坚固。不得有凸凹不平现象，以便于减震台座的安装。

4.3.2 风机的开箱检查、搬运和吊装

1. 风机的开箱检查

（1）应按设备装箱单清点风机的零件、部件、配套件和随机技术文件。

（2）应按设计图样核对叶轮、机壳和其他部位的主要安装尺寸。

（3）风机型号、输送介质、进出口方向（或角度）和压力，应与工程设计要求相符；叶轮旋转方向、定子导流叶片和整流叶片的角度及方向，应符合随机技术文件的规定。

（4）风机外露部分各加工面应无锈蚀；转子的叶轮和轴颈、齿轮的齿面和齿轮轴的轴颈等主要零件、部件应无碰伤和明显的变形。

（5）风机的防锈包装应完好无损；整体出厂的风机，进气口和排气口应有盖板遮盖，且不应有尘土和杂物进入。

（6）外露测振部位表面检查后，应采取保护措施。

2. 风机的搬运和吊装

（1）整体出厂的风机搬运和吊装时，绳索不得捆缚在转子和机壳上盖及轴承上盖的吊耳上。

（2）解体出厂的风机搬运和吊装时，绳索的捆缚不得损伤机件表面；转子和齿轮的轴颈、测量振动部位，不得作为捆缚部位；转子和机壳的吊装应保持水平。

（3）输送特殊介质的风机转子和机壳内涂有的保护层应妥善保护，不得损伤。

（4）转子和齿轮不应直接放在地上滚动或移动。

4.3.3 风机组装前的清洗和检查

（1）风机组装前的清洗和检查除应符合现行国家标准《机械设备安装工程施工及验收通用规范》GB 50231 和随机技术文件的有关规定。

（2）设备外露加工面、组装配合面、滑动面，各种管道、油箱和容器等应清洗洁净；出厂已装配好的组合件超过防锈保质期应拆洗。

（3）输送介质为氢气、氧气等易燃易爆气体的压缩机，其与介质接触的零件、部件和管道及其附件应进行脱脂，油脂的残留量不应大于 $125mg/m^2$；脱脂后应采用干燥空气或氮气吹干，并应将零件、部件和管道及其附件做无油封闭。

（4）润滑系统、密封系统中的油泵、过滤器、油冷却器和安全阀等应拆卸清洗。

（5）油冷却器应以最大工作压力进行严密性试验，且应保压10min 后无泄漏。

（6）现场组装时，机器各配合表面、机加工表面、转动部件表面、各机件的附属设备应清洗洁净；当有锈蚀时应清除，并应采取防止安装期间再发生锈蚀的措施。

（7）调节机构应清洗洁净，其转动应灵活。

4.3.4 风机找正、调平

1. 风机机组轴系的找正

（1）应选择位于轴系中间的或质量大、安装难度大的机器作为基准机器进行调平。

（2）非基准机器应以基准机器为基准找正、调平，并应使机组轴系在运行时成为两端扬度相当的连续平滑曲线。

（3）机组轴系的最终找正应以实际转子通过联轴器进行。并应符合上述（1）、（2）的要求。

2. 离心通风机的轴承箱找正、调平

（1）轴承箱与底座应紧密结合。

（2）整体安装轴承箱的安装水平，应在轴承箱中分面上进行检测，其纵向安装水平亦可在主轴上进行检测，纵、横向安装水平偏差均不应大于 0.10/1000。

（3）左、右分开式轴承箱的纵、横向安装水平，以及轴承孔对主轴轴线在水平面的对称度，应符合下列要求：

1）在每个轴承箱中分面上，纵向安装水平偏差不应大于0.04/1000。

2）在每个轴承箱中分面上，横向安装水平偏差不应大于0.08/1000。

3）在主轴轴颈处的安装水平偏差不应大于0.04/1000。

4）轴承孔对主轴轴线在水平面内的对称度偏差不应大于0.06mm，如图4-26所示；可测量轴承箱两侧密封径向间隙之差不应大于0.06mm。

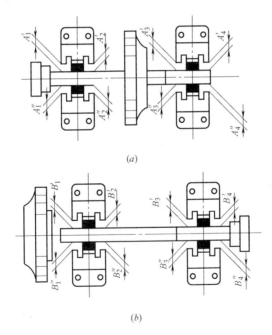

(a)

(b)

图4-26　轴承孔对主轴轴线在水平面内的对称度

(a) 叶轮安装在两独立的轴承箱之间；(b) 叶轮悬臂安装在两独立的轴承箱一端
A'_1-A''_1、A'_2-A''_2……B'_1-B''_1、B'_2-B''_2……为轴承箱两侧密封径向间隙之差；
A'_1-A_4、B'_1-B_4、A''_1-B''_4、B'_1-B''_4为轴承箱两侧密封径向间隙值

（4）具有滑动轴承的离心通风机除应符合以上要求外，其轴瓦与轴颈的接触弧度及轴向接触长度、轴承间隙和压盖过盈量，应符合随机技术文件的规定；当不符合规定时，应进行修刮和调整。

4.3.5　机壳组装和安装

离心通风机机壳组装时，应以转子轴线为基准找正机壳的位置；机壳进风口或密封圈与叶轮进口圈的轴向重叠长度和径向间隙，应调整到随机技术文件规定的范围内，如图 4-27 所示，并应使机壳后侧板轴孔与主轴同轴，并不得碰刮；无规定时，轴向重叠长度应为叶轮外径的 8‰～12‰，径向间隙沿圆周应均匀，其单侧间隙值应为叶轮外径的 1.5‰～4‰。

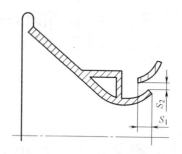

图 4-27　机壳进风口或密封圈与叶轮进口圈之间的安装尺寸
S_1—机壳进风口或密封圈与叶轮进口圈的轴向重叠长度；
S_2—机壳进风口或密封圈与叶轮之间径向间隙

离心通风机机壳中心孔与轴应保持同轴。压力小于 3kPa 的通风机，孔径和轴径的差值不应大于表 4-8 的规定，且不应小于 2.5mm。压力大于 3kPa 的风机，在机壳中心孔的外侧应设置密封装置。

1. 进气、排气管路和其他管路

风机的进气、排气管路和其他管路的安装，除应符合现行国家标准《工业金属管道工程施工及验收规范》GB 50235 和《通风与空调工程施工质量验收规范》GB 50243 的有关规定外，尚应符合下列要求：

机号	差值(mm)
No2～No6.3	4
＞No6.3～No12.5	8
＞No12.5	12

机壳中心孔与轴径的差值 表 4-8

（1）风机的进气、排气系统的管路、大型阀件、调节装置、冷却装置和润滑油系统等管路，应有单独的支承，并应与基础或其他建筑物连接牢固，与风机机壳相连时不得将外力施加在风机机壳上。连接后应复测机组的安装水平和主要间隙，并应符合随机技术文件的规定。

（2）与风机进气口和排气口法兰相连的直管段上，不得有阻碍热胀冷缩的固定支撑。

（3）各管路与风机连接时，法兰面应对中并平行。

（4）气路系统中补偿器的安装应符合随机技术文件的规定。

2. 风机的润滑、密封、液压控制

风机的润滑、密封、液压控制系统应清洗洁净；组装后风机的润滑、密封、液压控制、冷却和气路系统的受压部分，应以其最大工作压力进行严密性试验，且应保压 10min 后无泄漏；其风机的冷却系统试验压力不应低于 0.4MPa。

风机上的检测、控制仪表等的电缆、管线的安装，不应妨碍轴承、密封和风机内部零部件的拆卸。

4.3.6 风机振动的检测及其限值

1. 测量仪器要求

选用的测量仪器应能直接测取振动速度的有效值，风机的测量仪器的频率范围宜为 10～1000Hz。风机的转速小于或等于

600r/min 时，其测量仪器频率范围的下限宜为 2Hz；测量允许偏差为指示值的±10%。

2. 风机工况

风机应在稳定的额定转速和额定工况下运行，当有多种额定转速和额定工况时，应分别测量取其中最大值。

3. 风机振动的测量点位置和测量方向

（1）叶轮与电动机直连的风机，应在电动机定子两端轴承部位测量，且每个位置应在垂直、水平、轴向三个方向进行测量。

（2）双支承有两个轴承体的风机，应在每个轴承体上测量，且每个位置应在垂直、水平、轴向三个方向进行测量。

（3）两个轴承都装在同一个轴承箱内时，应在轴承箱体的轴承部位测量，且每个位置应在垂直、水平、轴向三个方向进行测量。

4. 振动速度、振动位移及振动速度有效值的限值

风机的振动速度、振动位移及振动速度有效值的限值，应符合表 4-9 的规定。

风机的振动速度、振动位移及振动速度有效值的限值　　表 4-9

支承类型	振动速度（峰值）（mm/s）	振动位移（峰-峰值）	振动速度有效值（mm/s）
刚性支承	≤6.5	≤$1.24 \times 10^5/n$	≤4.6
挠性支承	≤10	≤$1.9 \times 10^5/n$	≤7.1

注：n 为通风机工作转速（r/min）。

4.3.7　风机试运转

1. 试运转条件

（1）轴承箱和油箱应经清洗洁净、检查合格后，加注润滑油；加注润滑油的规格、数量应符合随机技术文件的规定。

（2）电动机、汽轮机和尾气透平机等驱动机器的转向应符合随机技术文件的要求。

（3）盘动风机转子，不得有摩擦和碰刮。

（4）润滑系统和液压控制系统工作应正常。

（5）冷却水系统供水应正常。

（6）风机的安全和连锁报警与停机控制系统应经模拟试验。

（7）机组各辅助设备应按随机技术文件的规定进行单机试运转，且应合格。

（8）风机传动装置的外露部分、直接通大气的进口，其防护罩（网）应安装完毕。

（9）主机的进气管和与其连接的有关设备应清扫洁净。

2. 离心通风机试运转

（1）启动前应关闭进气调节门。

（2）点动电动机，各部位应无异常现象和摩擦声响。

（3）风机启动达到正常转速后，应在调节门开度为 $0°\sim5°$ 时进行小负荷运转。

（4）小负荷运转正常后，应逐渐开大调节门，但电动机电流不得超过额定值，直至规定的负荷，轴承达到稳定温度后，连续运转时间不应少于 20min。

（5）具有滑动轴承的大型风机，负荷试运转 2h 后应停机检查轴承，轴承应无异常现象；当合金表面有局部研伤时应进行修整，再连续运转不应少于 6h。

（6）高温离心通风机进行高温试运转时，其升温速率不应大于 $50℃/h$；进行冷态试运转时，其电机不得超负荷运转。

（7）试运转中，在轴承表面测得的温度不得高于环境温度 $40℃$，轴承振动速度有效值不得超过 6.3mm/s；矿井用离心通风机振动速度有效值不得超过 4.6mm/s；其振动的检测及其限值应符合上述 4.3.6 中相关规定。

（8）试运转中应按以下的项目进行检查，其动作应灵敏、正确、可靠，并应记录实测的数值备查。

1）冷却系统压力不应低于规定的最低值。

2）润滑油的油位和压力不应低于规定的最低值。

3）轴承的温度和温升不应高于规定的最高值。

4）轴承的振动速度有效值或峰-峰值不应超过规定值。

5）喘振报警和气体释放装置应灵敏、正确、可靠。

6）风机运转速度不应超过规定的最高速度。

4.4 压缩机

压缩机种类较多，现以整体出厂的螺杆式压缩机为例介绍其安装和试运行的基本内容和要求。

4.4.1 基本规定

1. 设备的清洗和检查

往复活塞式压缩机应对活塞、连杆、气阀和填料腔进行清洗和检查；隔膜式压缩机应拆卸清洗缸盖、膜片、吸气阀和排气阀，并应无损伤和锈蚀等缺陷。

整体出厂的压缩机在出厂前均进行了不少于 2～3h 满负荷连续试运转，经检验合格才出厂，在出厂前对汽缸、活塞等进行了油封防锈，而油封内含有石蜡，这就要求必须清洗洁净，防止石蜡堵塞气路和油路，以免引起爆炸。

2. 压缩机的安装水平检测

检验压缩机的安装水平，其偏差不应大于 0.20/1000，检测部位应符合下列要求：

（1）卧式压缩机、对称平衡型压缩机应在机身滑道面或其他基准面上检测。

（2）立式压缩机应拆去气缸盖，并应在气缸顶平面上检测。

（3）其他型式的压缩机应在主轴外露部分或其他基准面上检测。

3. 试验检查

压缩机和其附属设备的管路应以最大工作压力进行严密性试验，且应保压 10min 后无泄漏。

大型压缩机的机身油池应用煤油进行渗漏试验，试验时间不应少 4h，且应无渗漏。

4. 安全阀定压

安全阀应安装在不易受振动等干扰的位置，其全流量的排放压力不应超过最大工作压力的 1.1 倍。当额定压力小于或等于 10MPa 时，整定压力应为额定压力的 1.1 倍；额定压力大于 10Pa 时，整定压力应为额定压力的 1.05～1.10 倍。氧气压缩机每级安全阀或连锁保险装置，应确保级间压力不超其公称值的 25%，末级压力不超过公称值的 10%。

4.4.2　螺杆式压缩机

整体安装的螺杆式压缩机在防锈保证期内安装时，其内部可不拆卸清洗。

无公共底座机组找正时，应以驱动机或变速箱的轴线为基准，其同轴度应符合随机技术文件的规定；无规定时，其联轴器的连接应符合现行国家标准《机械设备安装工程施工及验收通用规范》GB 50231 的有关规定。

4.4.3　附属设备

（1）压缩机的冷却器、气液分离器、缓冲器、干燥器、储气罐、滤清器、放空罐、消声器等附属设备就位前，应检查管口方位、地脚螺栓孔和基础的位置，并应与施工图相符；各管路应清洁和畅通。

（2）附属设备中的压力容器在规定的质量保证期内安装时，可不做强度试验，但应做严密性试验。当发现压力容器有损伤或在现场做过局部改装时，应做强度试验。

（3）卧式设备的安装水平偏差不应大于 1/1000；立式设备的铅垂度偏差不应大于 1/1000。

（4）淋水式冷却器排管的安装水平偏差不应大于 1/1000，排管立面的铅垂度偏差不应大于 1/1000，其溢水槽的溢水口应水平。

（5）空气吸入口应安装过滤器或筛网；高架平台的梯子倾斜不应大于 $50°$；金属楼板应具有防滑表面。

（6）DN150mm 以上或有腐蚀性、有毒性或易燃性气体管道的连接，应采用焊接或法兰连接。

4.4.4 试运转

1. 启动条件

（1）全面复查气缸盖、气缸、机身、十字头、连杆、轴承盖等紧固件，应已紧固和锁紧。

（2）控制系统和报警及停机连锁机构，应符合下列要求：

1）一级吸气压力应为规定值。

2）各级排气温度不应高于最高温度值。

3）末级排气压力不应高于规定值。

4）润滑油供油压力不应低于规定值，油过滤器进、出口压力差不应高于规定值。

5）润滑油温度不应高于规定值。

6）冷却水供水压力不应低于最低压力，且供水不得中断。

7）振动速度有效值或峰—峰值不应高于规定值。

（3）润滑剂的规格、数量应符合随机技术文件的规定，润滑系统应经单独试运转，供油应正常。

（4）进、排水管路应畅通，冷却水质应符合设计要求，冷却水系统应经单独试运转。

（5）进、排气管路应清洁和畅通。

（6）各级安全阀经校验、整定，其动作应灵敏、可靠。

（7）盘车数转，应灵活、无阻滞。

（8）仪表和电气设备应调整正确，驱动机的转向应与压缩机的转向相符。

2. 螺杆式压缩机试运转前的检查

螺杆式压缩机试运转前应按随机技术文件的规定进行检查，并应符合下列要求：

（1）在润滑系统清洗洁净后，应加注润滑剂，润滑剂的规格和数量应符合设计要求。

（2）冷却水系统进、排水管路应畅通、无渗漏；冷却水水质应符合设计要求；供水应正常。

（3）油压、温度、断水、电动旁通阀、过电流、欠电压等安全联锁装置应调试合格。

（4）压缩机吸入口处，应装设空气过滤器和临时过滤网。

（5）应按规定开启或拆除有关阀件。

3. 螺杆式压缩机空负荷试运转

（1）启动油泵在规定的压力下运转不应少于15min。

（2）单独启动驱动机，其旋转方向应与压缩机相符；驱动机与压缩机连接后，盘车应灵活、无阻滞。

（3）启动压缩机并运转2～3min，无异常现象后再连续运转，连续运转时间不应少于30min；停机时，润滑油泵应在压缩机停转15mm后再停止运转；停泵后，应清洗各进油口的过滤网。

（4）再次启动压缩机，应连续进行吹扫，吹扫时间不应小于2h；轴承温度应符合随机技术文件的规定。

4. 螺杆式压缩机空气负荷试运转

（1）螺杆式压缩机空气负荷试运转，应符合下列要求：

1）各种检测仪表和有关阀门的开启或关闭应灵敏、正确、可靠。

2）启动压缩机空负荷运转不应少于30min。

3）应缓慢关闭旁通阀，并应按随机技术文件规定的升压速率和运转时间，逐级升压试运转；应在前一级升压运转期间无异常现象后，再将压力逐渐升高；升压至额定压力下连续运转的时间不应少于2h。

4）在额定压力下连续运转中应检查下列各项，并应每隔0.5h记录一次：

① 润滑油压力、温度和各部分的供油情况。

② 各级吸、排气的温度和压力。

③ 各级进、排水的温度和冷却水的供水情况。

④ 各轴承的温度。

⑤ 电动机的电流、电压、温度。

（2）压缩机在空气负荷试运转中，应进行下列各项检查和记录：

1）润滑油的压力、温度和各部位的供油情况。

2）各级吸、排气的温度和压力。

3）各级进、排水的温度、压力和冷却水的供应情况。

4）各级吸、排气阀的工作应无异常。

5）运动部件应无异常响声。

6）连接部位应无漏气、漏油或漏水。

7）连接部位应无松动。

8）气量调节装置应灵敏。

9）主轴承、滑道、填函等主要摩擦部位的温度。

10）电动机的电流、电压、温升。

11）自动控制装置应灵敏、可靠。

12）机组的振动。

（3）压缩机空气负荷试运转后，应排除气路和气罐中的剩余压力，清洗油过滤器和更换润滑油，排除进气管及冷凝收集器和汽缸及管路中的冷凝液；需检查曲轴箱时，应在停机 15min 后再打开曲轴箱。

（4）螺杆式压缩机升温试验运转，应符合随机技术文件的规定。

（5）螺杆式压缩机试运转合格后，应彻底清洗润滑系统，并应更换润滑油。

4.5　液压设备

液压机是一种利用液体压力能来传递能量的机器。液压机按工作介质不同，分为水压机和油压机两类，大中型液压机多使用水为介质。

液压机的工作循环一般包括停止、充液行程、工作行程及回程四个过程。

4.5.1 液压机本体安装

以水压机为例，介绍其基本安装内容和要求。

1. 垫铁处理

液压机找平时，垫铁应符合下列要求：平垫铁或斜度不小于 1/10 的成对斜垫铁；垫铁与垫铁和垫铁与基础的接触应良好，采用 0.05mm 塞尺检查时，在垫铁同一断面处的两侧塞入的长度总和不得超过垫铁长度或宽度的 1/3；2000t 以上的液压机，每组垫铁的总厚度不应小于 60mm；2000t 及其以下的液压机，不应小于 40mm。

2. 立柱底座的安装

组装以立柱机座作为支承的液压机时，应先吊装中间底座，以中间底座为基准而装配侧底座，中间底座与侧底座的连接螺栓，采用热装来达到拉紧的目的。

机座纵、横向安装水平，在机座与立柱的接合面上测量，其偏差均不应大于 0.1/1000；两块机座的相对标高差，不应大于 0.5mm；相邻两个立柱机座中心距离允许偏差为 ±0.5mm；四个立柱孔对角中心距相对偏差不应大于 0.7mm。

3. 下横梁的安装

旋紧立柱底座地脚螺栓，设置四个千斤顶，以备调整下横梁螺母的高度及下横梁水平。

下横梁直接放在基础上的液压机，将水平仪放在下横梁上平面上测量；下横梁由螺母支承的液压机，将水平仪放在上横梁上平面上测量。

液压机下横梁上平面或工作台的纵、横向安装水平，其偏差均不应大于 0.20/1000。

组合式下横梁接缝处一上平面的高低差不应大于 0.05mm，定位门台和定位键、键槽与梁的接触应均匀。

4. 活动横梁的安装

先将活动横梁的柱套口装上防护罩，装上起吊工具就位。

活动横梁导套与立柱间的配合间隙，应符合设备技术文件的规定，内侧间隙 S_1 宜大于外侧间隙 S_2；导套偏心的最大断面应对正活动横梁立柱孔的对角线，如图 4-28 所示，上横梁的纵、横向安装水平，其偏差均不应大于 0.12/1000。

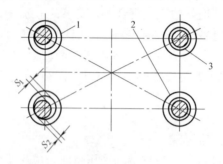

图 4-28　活动横梁导套与立柱间的间隙

1—导套；2—立柱；3—导套的偏心断面的最大间隙

5. 立柱的安装

（1）立柱安装前应对螺母配对情况进行检查，配对好的螺母应做好编号。

（2）为便于安装中校正立柱方向，立柱中间部分可装转动箍。吊装时，将立柱从横置于水平状态的枕木上旋转至垂直位置。

（3）当立柱吊直后，移动至活动横梁柱套旁，提升立柱，使其底平面超过活动横梁柱套上平面 50～100mm。对准下横梁柱套孔的中心，逐渐放下，待立柱底面即将与立柱底座上平面接触时，利用转动箍校正立柱的方向，然后放下立柱。在下横梁柱套上端用临时定位块定位。然后继续起吊第二、第三、第四根立柱，按对角顺序依次进行。

（4）立柱铅垂度的测量，可将水平仪放在立柱的工作面上，沿圆周每隔 90°测量一次，铅垂度偏差应以水平仪读数的平均值计算，应不大于 0.12/1000；两立柱轴线的平行度在 1000mm 测量长度上不应大于 0.15mm；其对角线长度应在图样公差范围内。

（5）在立柱装入下横梁立柱孔且螺母紧固后，活动横梁和上横梁组装过程中及组装后，立柱的铅垂度、立柱间的平行度和对角线长度，均应进行检查和复查。

6. 装立柱下螺母

（1）顶起立柱下螺母，使其与下横梁柱套端面刚好接触，然后将螺母旋紧。

（2）要求立柱螺母与下（上）横梁接合面接触良好，紧固后用 0.05mm 塞尺检查，局部塞入深度不应大于宽度的 20%，其塞入累计移动长度不应大于可检长度的 10%。

（3）立柱螺母预紧前，应拧紧各立柱螺母，其拧紧程度应一致。

（4）立柱与下（上）横梁的连接，有加热紧固法和立柱加压紧固法。

7. 工作缸、上横梁、工作缸柱塞、提升平衡机构等安装要求

（1）上横梁的纵、横向安装水平偏差均不应大于 0.12/1000。

（2）工作缸法兰与上横梁底面，柱塞与活动横梁的固定接合面应紧密贴合，并应符合规范规定。

（3）工作缸柱塞与活动横梁为球铰连接时，其球面支承座与横梁的接触应良好，局部间隙不应大于 0.05mm；球面接触应均匀，其接触面积应大于 70%。

（4）提升缸和平衡缸下悬挂活动横梁的每对拉杆长度应一致。

（5）活动横梁在最上或最下位置时，均应与四个限程套同时接触。

8. 液压机操纵系统、管路等安装

液压机操纵系统、管路等安装应按现行规范执行。在高压油管路安装时，对于平行或交叉的管子之间或管子和设备主体之间要相距 10mm 以上，管道安装应牢固，并有减振措施。管道布置应整齐、美观，尽可能减少或少用直角弯头，以减少管路阻力。

4.5.2 液压机试运转

液压机试运转分为空载试运转和负载试运转，液压机试运转的操作程序应符合设备技术文件的规定。

空负荷连续运转时间不应少于 2h，其中驱动块或活动横梁作全行程往复运动时间不应少于 1h，单次全行程运转时间不应少于 0.5h。

1. 空负荷试运转

空负荷试运转启动和停止试验连续进行，并不应少于 3 次，动作应灵敏可靠；滑块（活动横梁）运转试验应连续进行并不少于 3 次，动作应平稳、可靠；滑块（活动横梁）行程的调整和行程限位器试验，应按最大行程长度进行调整。压力调整平稳。安全阀试验可结合超负荷试验进行，其开启压力不应大于额定压力的 1.1 倍。

2. 负荷试运转

液压机负荷试运转应在额定压力下进行，运动时应注意下列事项：

（1）试运转时，负载应逐渐增加，应对油泵的工作压力、卸荷压力、压力继电器工作压力、快速行程等进行调整，使其符合要求。

（2）应随时注意液压系统的工作情况，如有振动、噪声、压力、温度等不正常现象，应立即停车检查。

（3）试车后，应将全部控制手柄放在空挡位置，试车完后，做好试运记录。

4.6 空调制冷设备

空调制冷设备种类较多，现以活塞式制冷机组为例介绍其基本安装内容和要求。

4.6.1 安装准备

1. 基础检查验收

基础检查验收：会同土建、监理和建设单位共同对基础质量进行检查，确认合格后进行中间交接，检查内容主要包括：外形尺寸/平面的水平度、中心线、标高、地脚螺栓孔的深度和间距、埋设件等。

2. 制冷设备的开箱检查

（1）根据设备装箱清单说明书、合格证、检验记录和必要的装配图和其他技术文件，核对型号、规格以及全部零件、部件、附属材料和专用工具。

（2）主体和零、部件等表面有无缺损和锈蚀等情况。

（3）设备充填的保护气体应无泄漏，油封应完好，开箱检查后，设备应采取保护措施，不宜过早或任意拆除，以免设备受损。

3. 制冷设备的搬运和吊装

（1）安装前放置设备，应用衬垫将设备垫妥。

（2）吊运前应核对设备重量，吊运捆扎应稳固，主要承力点应高于设备重心。

（3）吊装具有公共底座的机组，其受力点不得使机组底座产生扭曲和变形。

（4）吊索的转折处与设备接触部位，应采用软质材料衬垫。

（5）设备的搬运吊装应编制专项施工方案和安全技术措施。

4.6.2 活塞式制冷机组安装

1. 就位找正和初平

根据施工图纸按照建筑物的定位轴线弹出设备基础的纵横向

中心线，利用铲车、人字扒杆将设备吊至设备基础上进行就位。应注意设备管口方向应符合设计要求，将设备的水平度调整到接近要求的程度。

利用平垫铁或斜垫铁对设备进行初平，垫铁的放置位置和数量应符合设备安装要求。

2. 精平和基础抹面

（1）设备初平合格后，应对地脚螺栓孔进行二次灌浆，所用的细石混凝土或水泥砂浆的强度等级，应比基础强度等级高1～2级。灌浆前应清理孔内的污物、泥土等杂物。每个孔洞灌浆必须一次完成，分层捣实，并保持螺栓处于垂直状态。待其强度达到70%以上时，方能拧紧地脚螺栓。

（2）设备精平后应及时点焊垫铁，设备底座与基础表面间的空隙应用混凝土填满，并将垫铁埋在混凝土内，灌浆层上表面应略有坡度，以防油、水流入设备底座，抹面砂浆应密实、表面光滑美观。

（3）利用水平仪法或铅垂线法在气缸加工面、底座或与底座平行的加工面上测量，对设备进行精平，使机身纵、横向水平度的允许偏差为1/1000，并应符合设备技术文件的规定。

3. 制冷设备的拆卸和清洗

（1）用油封的活塞式制冷机，如在技术文件规定期限内，外观完整，机体无损伤和锈蚀等现象，可仅拆卸缸盖、活塞、气缸内壁、吸排气阀、曲轴箱等均应清洗干净，油系应畅通，检查紧固件是否牢固，并更换曲轴箱的润滑油。如在技术文件规定期限外，或有机体损伤和锈蚀等现象，则必须全面检查，并按设备技术文件的规定拆洗装配，调整各部位间隙，并做好记录。

（2）充入保护气体的机组在设备技术文件规定期限内，外观完整和氮封压力无变化的情况下，不作内部清洗，仅作外表擦洗，如需清洗时，严禁混入水汽。

（3）制冷系统中的浮球阀和过滤器均应检查和清洗。

4. 制冷系统辅助设备现场安装

（1）安装的位置、标高和进、出管口方向，应符合工艺流程、设计和随机技术文件的规定。

（2）带有集油器的设备，集油器的一端应稍低一些。

（3）洗涤式油分离器的进液口的标高，宜低于冷凝器的出液口标高。

（4）低温设备的支撑与其他设备的接触处，应垫设不小于其他绝热层厚度的垫木或绝热材料，垫木应经防腐处理。

（5）制冷剂泵的轴线标高，应低于循环贮液器的最低液面标高；进出管径应大于泵的进、出口直径；两台及以上泵的进液管应单独敷设，不应并联安装；泵不应在无介质和有气蚀的情况下运转。

（6）附属设备应进行单体吹扫和气密性试验，气密性试验压力应符合随机技术文件的规定；无规定时，应符合表 4-10 的规定。

气密性试验压力（MPa）　　　　　　表 4-10

制冷剂	试验压力
R22、R404A、R407C、R502、R507、R717	≥1.8
R134a	≥1.2

5. 制冷设备管道安装

制冷设备管道在现场安装时，除应符合现行国家标准《工业金属管道工程施工及验收规范》GB 50235 和《自动化仪表工程施工及验收规范》GB 50093 的有关规定外，尚应符合下列要求：

（1）输送制冷剂碳素钢管道的焊接，应采用氩弧焊封底、电弧焊盖面的焊接工艺。

（2）在液体管上接支管，应从主管的底部或侧部接出；在气体管上接支管，应从主管的上部或侧部接出；供液管不应出现上凸的弯曲；吸气管除氟系统专设的回油管外，不应出现下凹的弯曲。

（3）吸、排气管道敷设时，其管道外壁之间的间距应大于

200mm；在同一支架敷设时，气管宜敷设在排气管下方。

（4）设备之间制冷剂管道连接的坡向及坡度，当设计或随机技术文件无规定时，应符合表4-11的规定。

设备之间制冷剂管道连接的坡向及坡度　　　表4-11

管道名称	坡向	坡度
压缩机进气水平管（氨）	蒸发器	≥3/1000
压缩机进气水平管（氟利昂）	压缩机	≥10/1000
压缩机排气水平管	油分离器	≥10/1000
冷凝器至贮液器的水平供液管	贮液器	1/1000～3/1000
油分离器至冷凝器的水平管	油分离器	3/1000～5/1000
机器间调节站的供液管	调节站	1/1000～3/1000
调节站至机器间的加气管	调节站	1/1000～3/1000

（5）法兰、螺纹等连接处的密封材料，应选用金属石墨垫、聚四氟乙烯带、氯丁橡胶密封液或甘油一氧化铝；与制冷剂氨接触的管路附件，不得使用铜和铜合金材料；与制冷剂接触的铝密封垫片应使用纯度高的铝材。

（6）管道的法兰、焊缝和管路附件等不应埋于墙内或不便检修的地方；排气管穿过墙壁处应加保护套管，排气管与套管的间隙宜为10mm。管道绝热保温的材料和绝热层的厚度应符合设计的规定；与支架和设备相接触处，应垫上与绝热层厚度相同的垫木或绝热材料。

6. 阀门的安装

（1）制冷设备及管路的阀门，均应经单独压力试验和严密性试验合格后，再正式装至其规定的位置上；试验压力应为公称压力的1.5倍，保压5min应无泄漏；常温严密性试验，应在最大工作压力下关闭、开启3次以上，在关闭和开启状态下应分别停留1min，其填料各密封处应无泄漏现象。

（2）阀门进、出介质的方向，严禁装错，阀门装设的位置应便于操作、调整和检修。

（3）电磁阀、热力膨胀阀、升降式止回阀、自力式温度调节阀等阀门以及感温包的安装应符合随机技术文件的规定。热力膨胀阀的安装位置宜靠近蒸发器。

7. 试验和制冷剂使用要求

（1）制冷机组冷却水套及其管路，应以 0.7MPa 进行水压试验，保持压力 5min 应无泄漏现象。

（2）制冷机组的润滑、密封和液压控制系统除组装清洗洁净外，应以最大工作压力的 1.25 倍进行压力试验，保持压力 10min 应无泄漏现象。

（3）制冷机组的安全阀、溢流阀或超压保护装置，应单独按随机技术文件的规定进行调整和试验；其动作正确无误后，再安装在规定的位置上。

（4）制冷剂充灌和制冷机组试运转过程中，严禁向周围环境排放制冷剂。

4.6.3 活塞式制冷机组调整、试运转

1. 试运转条件

（1）气缸盖、吸排气阀及曲轴箱盖等应拆下检查，其内部的清洁及固定情况应良好；气缸内壁面应加少量冷冻机油；盘动压缩机数转，各运动部件应转动灵活、无过紧和卡阻现象。

（2）加入曲轴箱冷冻机油的规格及油面高度，应符合随机技术文件的规定。

（3）冷却水系统供水应畅通。

（4）安全阀应经校验、整定，其动作应灵敏、可靠。

（5）压力、温度、压差等继电器的整定值应符合随机技术文件的规定。

（6）控制系统、报警及停机连锁机构应经调试，其动作应灵敏、正确、可靠。

（7）点动电动机应进行检查，其转向应正确。

（8）润滑系统的油压和曲轴箱中压力的差值不应低

于 0.1MPa。

2. 空负荷试运转

（1）应拆去气缸盖和吸、排气阀组，并应固定气缸套。

（2）应启动压缩机并运转 10min，停车后检查各部位的润滑和温升，无异常后应继续运转 1h。

（3）运转应平稳、无异常声响和剧烈振动。

（4）主轴承外侧面和轴封外侧面的温度应正常。

（5）油泵供油应正常。

（6）氨压缩机的油封和油管的接头处，不应有油滴漏现象。

（7）停车后应检查气缸内壁面，应无异常磨损。

3. 开启式压缩机的空气负荷试运转

（1）吸、排气阀组安装固定后，应调整活塞的止点间隙，并应符合随机技术文件的规定。

（2）压缩机的吸气口应加装空气滤清器。

（3）在高压级和低压级排气压力均为 0.3MPa 时，试验时间不应少于 1h。

（4）油压调节阀的操作应灵活，调节的油压宜高于吸气压力 0.15～0.3MPa。

（5）能量调节装置的操作应灵活、正确。

（6）当环境温度为 43℃、冷却水温度为 33℃时，压缩机曲轴箱中润滑油的温度不应高于 70℃。

（7）气缸套的冷却水进口水温不应高于 35℃，出口水温不应高于 45℃。

（8）运转时，应平稳、无异常声响和振动。

（9）吸、排气阀的阀片跳动声响应正常。

（10）各连接部位、轴封、填料、气缸盖和阀件应无漏气、漏油、漏水现象。

（11）空气负荷试运转后，应拆洗空气滤清器和油过滤器，并应更换润滑油。

4. 吹扫和抽真空

空气负荷试运转合格后，应用 0.5～0.6MPa 的干燥压缩空气或氮气，对压缩机和压缩机组按顺序反复吹扫，直至排污口处的靶上无污物。

压缩机和压缩机组的抽真空试验，应关闭吸、排气截止阀，并应开启放气通孔，开动压缩机进行抽真空；压缩机的低压级应将曲轴箱抽真空至 15kPa，压缩机的高压级应将高压吸气腔压力抽真空至 15kPa。

5. 密封性试验和检漏

压缩机和压缩机组密封性试验应将 1.0MPa 的氮气或干燥空气充入压缩机中，在 24h 内其压力降不应大于试验压力的 1%。使用氮气和氟利昂混合气体检查密封性时，氟利昂在混合物的分压力不应少于 0.3MPa。

采用制冷剂对系统进行检漏时，应利用系统的真空度向系统充灌少量制冷剂，且应将系统内压力升至 0.1～0.2MPa 后进行检查，系统应无泄漏现象。

6. 充灌制冷剂

（1）制冷剂的规格、品种和性能应符合设计的要求。

（2）系统应抽真空，真空度应达到随机技术文件的规定，应将制冷剂钢瓶内的制冷剂经干燥过滤器干燥过滤后，由系统注液阀充灌系统；在充灌过程中，应按规定向冷凝器供冷却水或蒸发器供载冷剂。

（3）系统压力升至 0.1～0.2MPa 时，应全面检查无异常后，继续充灌制冷剂。

（4）系统压力与钢瓶的压力相同时，可开动压缩机。

（5）充灌制冷剂的总量，应符合设计或随机技术文件的规定。

7. 负荷试运转

压缩机和压缩机组的负荷试运转，应在系统充灌制冷剂后进行。负荷试运转应符合下列要求：

（1）启动压缩机前，应按随机技术文件的规定将曲轴箱中的润滑油加热。

（2）运转中开启式机组润滑油的温度不应高于 70℃；半封闭式机组不应高于 80℃。

（3）当环境温度为 43℃、冷却水温度为 33℃时，压缩机曲轴箱中润滑油的温度不应高于 70℃。

（4）气缸套的冷却水进口水温不应高于 35℃，出口水温不应高于 45℃。

（5）最高排气温度不应高于表 4-12 的规定。

压缩机的最高排气温度　　　　　　　　　　　　表 4-12

制冷剂	最高排气温度(℃)	
R717	低压级	120
	高压级	150
R22	低压级	115
	高压级	145

注：机组安装场地的最高温度 38℃。

（6）油压调节阀的操作应灵活，调节的油压宜高于吸气压力 0.15～0.3MPa。

（7）能量调节装置的操作应灵活、正确。

（8）运转时，应平稳、无异常声响和振动。

（9）吸、排气阀的阀片跳动声响应正常。

（10）开启式压缩机轴封处的渗油量，不应大于 0.5mL/h。

（11）各连接部位、轴封、填料、气缸盖和阀件应无漏气、漏油、漏水现象。

4.7 桥式起重机

桥式起重机种类较多，现以电动单梁起重机为例，介绍其基本安装内容和要求。

4.7.1　安装准备

1. 混凝土行车梁检查

交付安装的混凝土行车梁检查应符合下列要求：

（1）混凝土外观无裂纹、无露筋、无蜂窝等缺陷。

（2）混凝土已达到设计强度并有试验报告。

（3）梁面、轨面标高与设计图纸的允许偏差为 10mm。

2. 部件检查

行车轨道夹板、紧固螺母、垫圈应齐全，紧固应牢固。轨道接头的焊接符合设计要求，限位装置应牢固、可靠。行车梁、垫铁、轨道压板、轨道之间的接触应密实无松动。

3. 桥式起重机装卸搬运

（1）吊装时，应按制造厂要求的起吊点起吊；制造厂无要求时，起吊至少应捆扎两处，捆扎处应有衬垫物。

（2）对于箱形结构，捆扎点应在走轮或大梁梁身处，不得在走台或机械零件部位。

（3）对于桁架结构，捆扎点应在竖杆的结点处。

（4）搬运时应采用拖板或平板车放平垫实，不得直接在地面上架辊拖动。

4.7.2　桥式起重机安装与检查

1. 组合安装检查

（1）所有部件外观检查，确认各部应无漏焊、无裂纹、螺栓无松动。

（2）钢丝绳应无断股，规格型号与图纸相符。

（3）缓冲器、限位开关应安装牢固。

（4）吊钩在最上方时，滚筒应能容纳全部钢丝绳，吊钩在最下方时，滚筒上至少应保留两圈钢丝绳。

2. 吊装前机械部件检查

（1）各传动装置与减速机齿轮的检查，符合设备技术文件和相关规定。

（2）走轮悬空，用手旋转各传动机构，走轮和各传动构件应旋转灵活，无卡涩。

（3）齿轮箱应无渗漏，手孔盖及垫料等应严密。

（4）各部分铆钉、螺钉应齐全、紧固。

（5）各滚筒、吊钩滑轮和车轮等部件经外观检查应无伤痕、无裂纹。

（6）相连接的各传动轴应无弯扭，晃度允许值为1mm。

（7）各轴应转动灵活，吊钩、滑轮及传动轴的轴承应清洁，注油装置齐全、畅通；添加的润滑剂符合制造厂的要求。

（8）传动齿轮、联轴器等外露的传动部件应装设保护罩。

（9）小车车轮跨度的允许偏差为3mm。

3. 吊装要求

支撑起重机的桥架厂房为单排柱子时，在未装屋架使厂房形成整体框架以前不得起吊，特殊情况下须提出措施，并经审核批准。

起吊机具应经负荷试验合格。

4. 吊装后检查

（1）行走机构的检查应以主动轮外侧面为基准。

（2）大车各车轮端面应与轨道平行，偏斜度 p 应小于 $L/1000$，如图 4-29 所示，且两个主动轮或从动轮的偏斜方向应相反。

（3）装在同一平衡梁上的两个车轮同位差应小于 1mm；同一端梁下距离最远车轮间的同位差应小于 3mm，如图 4-30 所示。

（4）大车轮在轨道上对轨道的垂直偏斜应小于 $L/400$，车轮上边不得偏向内侧，如图 4-31 所示，车轮与轨道应无间隙。

（5）大车轮缘与轨道侧面应有足够间隙，在各种气温条件下轮缘不应卡钢轨。

（6）所有固定零件应按图纸要求加装锁紧装置。

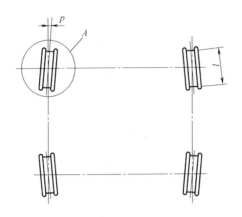

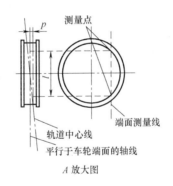

A 放大图

图 4-29　大车车轮偏斜示意图

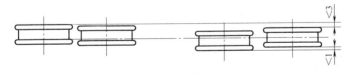

图 4-30　车轮同位差示意图

5. 制动器检查与安装

（1）制动系统各部分动作应灵活，销轴无卡涩。

（2）制动轮和制动瓦上的制动带在制动时应贴合良好。

（3）制动瓦张开时制动轮两侧间隙应均等。

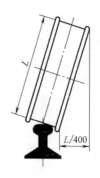

图 4-31　大车轮对轨道的偏斜示意图

（4）短冲程制动器、制动带与制动轮间的单侧间隙应符合表4-13的规定。

短冲程制动器，制动带与制动轮单侧间隙（mm）　表 4-13

制动轮直径	100	200	300
允许间隙	0.6±0.1，且两侧均匀	0.8±0.1，且两侧均匀	1.0±0.1，且两侧均匀

（5）长冲程制动器、制动带与制动轮间的单侧间隙，宜为0.7～0.8mm，且两侧均匀。

6. 钢丝绳的检查与安装

（1）钢丝绳应有断裂强度的证明文件，如无证件，应切下一段1500mm长的钢丝绳作单丝抗拉强度试验，以单丝抗拉强度总和的83％作为该钢丝绳的抗拉强度。

（2）钢丝绳的品种、规格和强度应符合制造厂的要求，不符合规定时应更换或降负荷使用。

（3）穿钢丝绳必须保证钢丝绳在滚筒终端紧固、可靠。

4.7.3　试验与试运转

桥式起重机的试运转应包括试运转前的检查、空负荷试运转、静负荷试验和动负荷试运转。在上一步骤未合格之前，不得进行下一步骤的试运转。

1. 试运转前的检查

桥式起重机安装完毕应进行负荷试验，试验前应具备下列条件：

（1）机械、电气、安全等设施安装齐全，正式或临时电源安全可靠，电气设备绝缘电阻合格，试运动作正常，各操作装置动作方向已标明，操作方向与运行方向经核对无误，继电保护装置灵敏、可靠。

（2）起落大钩的各档调节控制装置应能灵敏、准确控制。

（3）起重机的过卷限制器、过负荷限制器、行程限制器及轨道阻进器的连锁开关等安全保护装置齐全，并经试验确认灵敏、可靠，限制位置应作出标记。

（4）屋顶、屋架上悬挂的索具、行车梁上的杂物和插筋等应清理干净，轨道上无油脂等润滑物质。

（5）起重机司机已取证。

（6）桥式起重机铭牌已安装。

（7）各制动器内的油脂适合环境温度的要求。

（8）盘动各机构的制动轮，旋转应无卡涩，制动器灵敏、可靠。

（9）负荷试验用的荷重物重量应准确，并不得使用正式设备作荷重物。

（10）做好试验时所需的测量准备工作。

2. 空负荷试运转

（1）操纵机构的操作方向应与起重机的各机构运转方向相符。

（2）依次开动各机构的电动机，其运转应正常，大车和小车运行时不应卡轨；各制动器能准确及时有效动作，各限位开关及安全装置动作应准确、可靠。

（3）电源采用临时电缆时，放缆和收缆的速度应与相应的机构速度相协调并满足工作极限位置的要求。

（4）起重机防碰撞装置、缓冲器等装置应可靠，可作1～2

次试验，其余各项试验应不少于 5 次，且每次动作准确无误。

（5）测量主梁的实际上拱度应符合设计要求。

3. 静负荷试验

（1）有多个提升机构的起重机，应先对各提升机构分别进行静负荷试验；设计允许联合起吊的，应分别试验后再做提升机构联合起吊的静负荷试验，其提升重量应符合设备制造厂的要求。

（2）静负荷试验应按下列程序和规定进行：

1）先开动起升机构，进行空负荷升降操作，使小车在全行程上往返运行，空载试运转应不少于 3 次且无异常。

2）小车停在桥式起重机的跨中，分次加负荷作起升试运转，直至加到额定负荷后，使小车在桥架全行程上往返运行数次，各部正常，卸去负荷后桥架结构应无异常。

3）小车停在桥式起重机的跨中，缓慢提升 1.25 倍额定起重量的负荷，离地面高度为 100～200mm 时，悬吊停留时间应不少于 10min，起重机应无失稳现象；然后卸去负荷，将小车移至跨端或支腿处，检查起重机桥架金属结构应无裂纹、无焊缝开裂、无油漆脱落及其他影响安全的损坏或松动等异常。试验不得超过三次，试验后应无永久变形。

4）检查起重机的静刚度时，应将小车开至桥架跨中处，起升额定起重量的负荷，离地面约 200mm，待起重机及负荷静止后测量桥架上拱值，此值与空负荷桥架上拱值之差即为起重机的静刚度。起重机的静刚度应符合设备制造厂的要求。

4. 动负荷试运转

（1）各机构的动负荷试运转应分别进行。联合试运转应按设备技术文件的规定进行。

（2）各机构的动负荷试运转应全行程进行，起重量应为额定起重量的 1.1 倍；累计启动及运行时间，电动的起重机应不少于 1h，手动的起重机应不少于 10min。

（3）试验中的检查应符合下列规定：

1）起重机行走平稳，无特殊振动、无卡涩、无冲击。

2）车轮无卡轨现象和异声。

3）各轴承温度正常。

4）各变速部分、转动部分声音正常，机构传动灵活、可靠。

5）大小钩制动器灵活、可靠，各制动器、制动带温度宜为 $50\sim60℃$，不应过高。

6）电动机及其控制设备运行情况正常，限位开关、安全保护、连锁保护装置动作准确、可靠。

4.8 锅炉安装

锅炉种类较多，现以普通散装燃煤锅炉、小型采暖快装锅炉为例，介绍其基本安装内容和要求。

4.8.1 基础复检、修正和放线

1. 基础复检

（1）基础混凝土的外观质量不应存在严重缺陷。

（2）混凝土设备基础不应有影响结构性能和设备安装的尺寸偏差。

（3）预埋地脚螺栓孔内模板应拆除，孔内应无油垢杂物，孔边缘不应有裂纹。

（4）设备基础应符合设计要求。如锅炉厂提供的锅炉基础图与现场土质、基础承载力不符时，应会同建设、设计、生产厂等单位共同解决。对振动较大的风机基础，尚应考虑动荷载。

2. 基础修正

当锅炉及附属设备基础尺寸、位置不符合要求时，必须经过修正达到安装要求后方可进行安装。修正方法如下：

（1）当基础标高高于允许偏差时，可用扁铲铲低；当标高低于设计尺寸的允许范围时，如采用垫铁仍不能满足安装要求，可将原基础表面凿去一定高度，再重新浇注比原混凝土强度等级高一级的混凝土。

（2）二次灌浆基础的地脚螺栓预留孔偏差过大时，可以扩大预留孔。

（3）预埋地脚螺栓坐标超差时，可在基础中采用烧红、煨弯和焊接加固等办法，具体作法如图 4-32 所示。

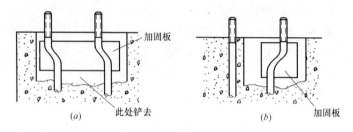

图 4-32　地脚螺栓的校正

3. 基础放线

（1）在锅炉基础验收合格后，根据锅炉房设计平面图和基础图，应划定纵向、横向安装基准线和标高基准点。

（2）纵向和横向中心线，应互相垂直；锅炉横向中心线，如有多台锅炉时应一次放出，采用一条基准线；如多台不同型号的锅炉而上煤或出渣为一个系统时，宜以煤斗或出渣口中心在一条基准线上。

（3）相应两柱子定位中心线的间距允许偏差为±2mm。

（4）各组对称 4 根柱子定位中心点的两对角线长度之差不应大于 5mm。

4.8.2　锅炉钢架安装

1. 放线

钢架安装前，应按施工图样清点构件数量，并应对柱子、梁、框架等主要构件的长度和直线度。

安装钢架时，宜根据柱子上托架和柱头的标高在柱子上确定并划出 1m 标高线。找正柱子时，应根据锅炉房运转层上的标高基准线，测定各柱子上的 1m 标高线。柱子上的 1m 标高线应作为安装锅炉各部组件、元件和检测时的基准标高。

划 1m 标高线应按立柱上主要托架位置确定，例如按支承锅筒（或集箱）的横梁托架确定 1m 标高线。如果立柱上无支承锅筒、集箱的托架，且全是起连接作用的横梁，则应按柱顶确定 1m 标高线。安装立柱时如用经纬仪测量立柱垂直度，应在立柱上、中、下部位的中心线上打上冲眼；如采用线锤（坠）测量，应在柱顶点焊二根 90°交叉的圆钢。

2. 单件安装

（1）单件安装应先安装立柱。立柱底板中心线对准基础中心线，立柱 1m 标高线与建筑物标高基准线找平（用底板下垫铁调正），柱顶用松紧螺栓或拉杆临时固定。

（2）找正柱子后，应将柱脚固定在基础上。当需与预埋钢筋焊接固定时，应将钢筋弯曲并紧靠在柱脚上，其焊缝长度应为预埋钢筋直径的 6～8 倍。

（3）当柱脚底板与基础表面之间有灌浆层时，其厚度不宜小于 50mm。

（4）复测立柱坐标位置、标高和垂直度，合格后可安装下一立柱。

（5）第二根立柱的坐标、标高、垂直度合格后，可安装两立柱间横梁。横梁与立柱先临时点焊连接。依此类推，逐根安装立柱和横梁。

（6）安装时必须做到就位一件，找正一件，不允许在未找正的钢架上进行下一个构件的安装。全部临时固定后，要重新测量检查。

（7）测量检查合格后，对临时点焊的连接进行焊接。焊接时，应减小焊接变形，且不得漏焊，焊后应清除焊缝药皮。

（8）全部焊完后，测量并记录。合格后将垫铁之间、垫铁与底板点焊固定。垫铁应垫实，点焊前可用小锤轻击听声检查。

3. 预组装

（1）预组装是指在钢架组合平台上的预组装。钢架组合平台一般用工字钢或槽钢搭设，平台位置宜设在锅炉附近，场地应平整坚实。组合平台下面应垫实，测量上平面应水平。组合平台型钢的位置应与预组装钢架的横梁、托架等需要焊接的部位错开。

（2）按图纸将预组装的立柱、横梁、托架等划在预组装平台上，划线要准确，划完要复测。支承锅筒、集箱的横梁托架标高应是负偏差。

（3）按在平台上划的线预组装钢架。先点焊固定，检查合格后再焊接。最后除锈、涂漆。对以后整体组装时需焊接处可先不涂漆。

（4）片状的预组装件吊装前应进行必要的加固。

4. 炉内的横梁安装

如为悬吊后拱的横梁可设计成中空梁，两端敞口以通风冷却。梁在炉内受热会膨胀，膨胀方向应按锅筒膨胀方向确定。

5. 平台、撑架、扶梯、栏杆、柱和挡脚板安装

（1）平台、撑架、扶梯、栏杆、柱和挡脚板等，应在安装平直后焊接牢固。栏杆、柱的间距应均匀，其接头焊缝处表面应光滑。平台板、扶梯、踏脚板应可靠防滑。

（2）扶梯的长度不得任意割短、接长，扶梯斜度和扶梯的上、下踏脚板与连接平台的间距不得任意改变。

（3）在平台、扶梯、撑架等构件上，不得任意切割孔洞。当需要切割时，在切割后应进行加固。

4.8.3 锅筒、集箱安装

1. 检查

（1）安装前，应认真检查锅筒、集箱封头等与安装有关的尺寸。当同时安装几台规格、型号、生产厂都相同的锅炉时，应核对每台锅炉的锅筒、集箱、锅炉铭牌、质量证明书的产品编号是否相同。

（2）锅筒、集箱表面和焊接短管应无机械损伤，各焊缝及其热影响区表面应无裂纹、未熔合、夹渣、弧坑和气孔等缺陷。

（3）锅筒、集箱两端水平和垂直中心线的标记位置应正确，当需要调整时应根据其管孔中心线重新标定或调整。

（4）胀接管孔壁的表面粗糙度不应大于 $12.5\mu m$，且不应有凹痕、边缘毛刺和纵向刻痕；管孔的环向或螺旋形刻痕深度不应大于 $0.5mm$，宽度不应大于 $1mm$，刻痕至管孔边缘的距离不应小于 $4mm$。

注：表面粗糙度数值力轮廓算术平均偏差。

（5）接触部位圆弧应吻合，局部间隙不宜大于 $2mm$。

（6）支座与梁接触应良好，不得有晃动现象。

（7）吊挂装置应牢固，弹簧吊挂装置应整定，并应进行临时固定。

2. 安装

（1）按锅筒两端的水平与垂直中心线冲眼检查，前后左右四处冲眼应在一个平面上。符合要求后将冲眼做标记。

（2）锅筒应在钢架安装找正并固定后，方可起吊就位。非钢梁直接支持的锅筒，应安设牢固的临时性搁架。临时性搁架应在锅炉水压试验灌水前拆除。

（3）锅筒吊装必须在锅炉钢架安装完毕并经检查合格后进行。搬运和吊装锅筒时，不得在短管或管孔内捆绑钢丝绳，钢丝绳与锅筒间应垫木板，捆绑部位应错开支座位置。

（4）集箱在吊装前，应检查和清除内部的污垢和杂质。集箱与下降管如采用插入式焊接，且下降管外径大于或等于 $108mm$ 时，集箱上的下降管孔应事先开好坡口。

（5）根据纵向和横向安装基准线和标高基准线对锅筒找正。一般先找正上锅筒，然后以上锅筒为基准找正其他锅筒、集箱。

（6）锅筒、集箱就位找正时，应根据纵向和横向安装基准线以及标高基准线按图 4-33 所示对锅筒、集箱中心线进行检测。

（7）锅筒、集箱就位时，应在其膨胀方向预留支座的膨胀间隙，并应进行临时固定。膨胀间隙应符合随机技术文件的规定。

（8）锅筒内部装置的安装，应在水压试验合格后进行，其安

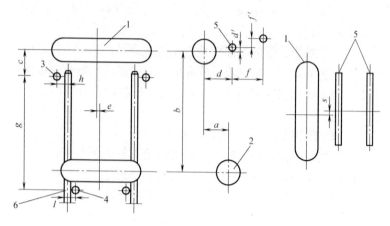

图 4-33　锅筒、集箱间的距离

1—上锅筒（主锅筒）；2—下锅筒；3—上集箱；4—下集箱；5—过热器集箱；

6—立柱；a—上、下锅筒之间水平方向距离；b—上、下锅筒之间

垂直方向距离；c—上锅筒与上集箱的轴心线距离；d—上锅筒与过

热器集箱水平方向的距离；d'—上锅筒与过热器集箱垂直方向的距离；

f—过热器集箱之间水平方向的距离；f'—过热器集箱之间垂直方向

的距离；g—上、下集箱之间的距离；h—上集箱与相邻立柱中心距离；

l—下集箱与相邻立柱中心距离；e—上、下锅筒横向中心线相对偏移；

s—锅筒横向中心线和过热器集箱横向中心线相对偏移

装应符合下列要求：

1）锅筒内零部件的安装，应符合产品图样要求。

2）蒸汽、给水连接隔板的连接应严密不泄漏，焊缝应无漏焊和裂纹。

3）法兰接合面应严密。

4）连接件的连接应牢固，且应有防松装置。

4.8.4　受热面管束安装

1. 检查

（1）管子表面不应有重皮、裂纹、压扁和严重锈蚀等缺陷；当管子表面有刻痕、麻点等其他缺陷时，其深度不应超过管子公

称壁厚的 10%。

（2）合金钢管应逐根进行光谱检查。

（3）对流管束应作外形检查和矫正，校管平台应平整牢固，放样尺寸误差不应大于 1mm，矫正后的管子与放样实线应吻合，局部偏差不应大于 2mm，并应进行试装检查。

（4）受热面管子的排列应整齐，局部管段与设计安装位置偏差不宜大于 5mm。

（5）胀接管口的端面倾斜不应大于管子公称外径的 1.5%，且不应大于 1mm。

（6）受热面管子公称外径不大于 60mm 时，其对接接头和弯管应作通球检查，通球后的管子应有可靠的封闭措施，通球直径应符合表 4-14 和表 4-15 的规定。

弯制管且有对接焊缝的管子，球径应按二者较小值通球。通球合格后在管子上做通球合格标记，并对管口设有可靠的封闭措施。校管后是第一次通球，胀管后作第二次通球，锅筒封闭前作第三次通球。通球应有记录。

对接接头管通球直径（mm）　表 4-14

管子公称内径	≤25	>25～40	>40～55	>55
通球直径	≥0.75d	≥0.80d	≥0.85d	≥0.90d

注：d 为管子公称内径。

弯管通球直径　表 4-15

R/D	1.4～1.8	1.8～2.5	2.5～3.5	≥3.5
通球直径（mm）	≥0.75d	≥0.80d	≥0.85d	≥0.90d

注：1. D 为管子公称外径；d 为管子公称内径；R 为弯管半径。
　　2. 试验用球宜用不易产生塑性变形的材料制造。

2. 受热面管放样

（1）用厚 12～16mm 钢板搭设校管平台。平台离地面宜 0.2～0.3m，平台应垫实垫平，上表面平整。平台大小应能画出受热面管子实样。

按图纸在校管平台上画出受热面管实样。实际放大样时，为保证角度的准确性，可采取下列方法：

1）通过计算器计算出弯管拐点，变量角度为量直线尺寸。

2）将量小角度转变为量直线弦长。

（2）按图纸将受热面管子画到校管平台，其画法如下：

1）首先画锅筒垂直中心线。

2）量出上下锅筒圆心并画出上下锅筒的水平中心线。

3）画出最外排管的中心线，与锅筒水平中心线相交成矩形。测量对角线不等长度，如两对角线等长，证明垂直中心线与水平中心线垂直。

4）用圆规画出上、下锅筒的内、外圆。

5）画出各排对流管的中心线并与上、下锅筒水平中心线相交。

6）按每排管子弯曲角度，计算出弯曲点与上、下锅筒水平中心线的距离。在各排管子上画出弯管拐点。

7）将各弯管拐点与圆心相连。

8）按管子弯曲半径画出弯曲部位中心线。

9）画出各管外径轮廓线。

10）画出管端伸出锅筒长度的圆。

（3）实样放完后，焊上一些限位铁块。准备校管。放样必须准确，并应认真复查。

3. 受热面管校管

（1）将管排编号。管子分类、清点，按编号分别摆放。按管排进行校管。

（2）将管子放在校管平台上，与实样比较。局部偏差不大于2mm 为合格，不合格的经校正后再校管，直到合格为止。

（3）校管合格的管子，检查平面度。全合格后，在管子垂直段上画上下方向箭头，并划出管端伸出长度。然后按编号分类摆放。

4. 胀管要求和准备

（1）硬度大于和等于锅筒管孔壁的胀接管子的管端应进行退

火，其退火应符合下列要求：

1）退火宜用电加热式红外线退火炉或纯度不低于 99.9％的铅熔化后进行，并应用温度显示仪进行温度控制。不得用烟煤等含硫、磷较高的燃料直接加热管子进行退火。

2）对管子胀接端进行退火时，受热应均匀，退火温度应为 $600 \sim 650℃$，退火时间应保持 $10 \sim 15min$，胀接端的退火长度应为 $100 \sim 150mm$。退火后的管端应有缓慢冷却的保温措施。

（2）胀接前，应清除管端和管孔表面的油污，并打磨至发出金属光泽，管端的打磨长度不应小于管孔壁厚加 50mm。打磨后，管壁厚度不得小于公称壁厚的 90％，且不应有起皮、凹痕、裂纹和纵向刻痕等缺陷。

（3）胀接管端与管孔的组合，应根据管孔直径与打磨后管端外径的实测数据进行选配。

（4）胀接时，环境温度宜为 0℃ 及以上。

（5）正式胀接前，应进行试胀工作，且应对胀接的试样进行检查、比较、观察，其胀口端应无裂纹，胀接过渡部分应均匀圆滑，喇叭口根部与管孔结合状态应良好，并应检查管孔壁与管子外壁的接触印痕和啮合状况、管壁减薄和管孔变形状况，并应确定合理的胀管率和控制胀管率的完整的施工工艺。

5. 胀管操作和试验

（1）管端伸出管孔的长度，应符合表 4-16 的规定。

管端伸出管孔的长度（mm）   表 4-16

管子公称外径	32～63.5	70～102
伸出长度	7～11	8～12

（2）管端装入管孔后，应立即进行胀接。

1）为了使各种规格的管子在胀管过程中有参考基准，开始时要先胀接锅筒两端的基准管。基准管先挂两端最外面的两根管。开始这四根管只做初胀（即胀到管端直径与管孔直径基本相同），然后检测四根管子相互间的距离（包括对角线）、管子直管段的垂直度和管端伸入长度。调整并使其符合要求。

2）将图 4-34 所示的基准管固定架用管卡固定在管子上，并将固定架与锅炉钢柱焊牢。然后，将四根基准管胀好。这四根管子是各管排基准管中的基准。

（3）基准管固定后，宜采用从中间分向两边胀接或从两边向中间胀接。

1）从两边向中间胀其他基准管。每根基准管挂管时必须靠在基准管固定架上。这些基准管以最早胀好的四根管子为基准，使相互间的距离、直线段的垂直度满足要求后，把各基准管固定在固定架上。然后，按反阶式胀管顺序将各基准管胀好，如图 4-35 所示。

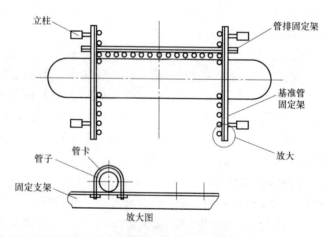

图 4-34　基准管（管排）固定示意图

2）胀管顺序最好采用反阶式，如图 4-35 所示。在反阶式胀管顺序中，每一根管子胀接时，管孔在径向各方向上受力是基本对称的。这样可避免胀接过程中胀管向反作用小的方向上过分扩张，造成该方向上塑性变形区增大而使管端受力不均。

3）每排管子间的间距可由管排固定架来确定（图 4-34），也可用梳形板来确定。用管排固定架的方法如下：首先按每排管子的设计间距钻好管卡的连接孔，然后把此固定架用管卡固定在相应的基准管上。挂管时只需将管子靠住固定架，调整好管子在上、下锅筒内的伸入长度，用管卡将其固定在相应的位置上。

（4）胀接终点与起点宜重复胀接 10～20mm。

（5）管口应扳边，扳边起点宜与锅筒表面平齐，扳边角度宜为 12°～15°。

（6）胀接后，管端不应有起皮、皱纹、裂纹、切口和偏挤等缺陷。

（7）胀管器滚柱数量不宜少于 4 只；胀管应用专用工具进行测量。胀杆和滚柱表面应无碰伤、压坑、刻痕等缺陷。

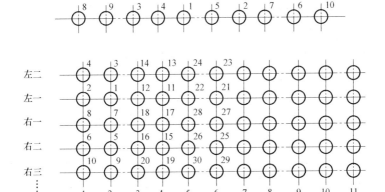

图 4-35　反阶式胀管顺序示意图

（8）胀接工作完成后，应进行水压试验，并应检查胀口的严密性和确定需补胀的胀口。补胀应在放水后立即进行，补胀次数不宜超过 2 次。

（9）胀口补胀前应复测胀口内径，并确定其补胀值，补胀值应按测量胀口内径在补胀前后的变化值计算。补胀后，胀口的累计胀管率应为补胀前的胀管率与补胀率之和。

（10）同一锅筒上的超胀管口的数量不得大于胀接总数的4%，且不得超过 15 个，其最大胀管率在采用内径控制法控制时，不得超过 2.8%，在采用外径控制法控制时，不得超过 2.5%。

6. 受热面管安装

（1）按管子间距制作定位样板。对流管束应分别做纵向和横向定位样板。

（2）先装对流管束最外面四角的 4 根管作基准管。装管时将超长部分切割掉，按上下方向箭头确定对流管的上下方向，装入锅筒。

首先检查管端伸出长度是否合适，必要时进行调整。其次 4 根基准管垂直段应垂直，纵向间距、横向间距和对角线不等长都应达到要求。

（3）以此 4 管为基准，安装锅筒纵向最外两排基准管。管子间距用定位样板控制，管排平整靠拉线控制。

（4）以此两排基准管为基准，在锅筒横向，由中间往外逐排安装管子。

（5）上述管子安装时，在下锅筒外，用钳子将管子夹住，靠在外锅筒上。管端伸出长度、管子间距、管排平整度合格后，可进行管束与锅筒临时固定。

集箱的水冷壁管，前后拱管均应先装两端 2 根基准管，然后以基准管拉线，用定位样板定位后再安装其余管子。对于上部与锅筒胀接连接，下部与集箱焊接连接的管子应先焊后胀。

4.8.5 省煤器和空气预热器安装

1. 铸铁省煤器

（1）铸铁省煤器直管和弯头应有合格证，单件铸件应经以工作压力的 2.5 倍进行水压试验合格。

（2）铸件表面应光洁，不得有粘砂、气孔、裂纹等缺陷，法兰密封面不应损伤。

（3）省煤器直管长度偏差应不大于±1mm，法兰密封面与直管轴线垂直度偏差应不大于 0.25mm，且不得有影响密封的缺陷存在。

（4）省煤器 180°弯头的二个法兰密封面应在同一平面，其偏差应不大于 0.5mm。两法兰中心距偏差应不大于 1mm。

（5）每根铸铁省煤器管上破损的翼片数不应大于该根翼片数的 5%；整个省煤器中有破损翼片的根数不应大于总根数的 10%；且每片损坏面积不应大于该片总面积的 10%。

（6）组装省煤器时，如图纸未明确规定，蒸汽锅炉省煤器可串联连接，热水锅炉省煤器应分组并联连接。

（7）法兰垫片应用石棉橡胶板，垫片和螺栓螺纹处应涂润滑油和石墨粉混合物。螺栓头部应采取措施防止螺栓转动，如在螺栓头部焊圆钢等。

（8）两端翼片距离法兰密封面不相等的铸铁省煤器直管组装时，对于燃煤锅炉其省煤器翼片应对齐，以免积灰；对于燃油、燃气锅炉，则同层内翼片对齐，上下层翼片错开。

（9）组装铸铁省煤器时，应从支承梁开始，逐层往上装。铸铁省煤器的方形法兰之间应填塞石棉绳。安装弯头时，若两法兰密封面间隙不同，应采用不同厚度的石棉橡胶板。

2. 钢管省煤器安装

钢管省煤器同过热器相似，在进口集箱与出口集箱之间装设无缝钢管加工的弯管。

（1）组装前对弯管应放实样校管通球。

（2）先安装进、出集箱。集箱安装时一端要固定，另一端应有膨胀间隙。

（3）蛇形弯管先装两端基准管，再安装中间弯管。用定位样板控制管子间距，用拉线控制管排平整，用管夹将弯管固定，达到管排平整、间距均匀。

（4）钢管省煤器一般都采用不可分式省煤器，其与锅筒之间不装阀门，钢管省煤器可不单独作水压试验，可与锅炉作水压试验时同时进行。如果蛇形弯管有对接焊缝，应对单根蛇形管作水压试验，试验压力为工作压力的 2 倍。

3. 整体省煤器安装

（1）整体组件的省煤器在安装前要认真检查肋片管法兰凹槽内石棉绳嵌填的是否严密牢固，外壳箱板是否平整，肋片有无损坏，确认达到要求后方可进行安装。

（2）省煤器应单独进行水压试验，试验压力为 $1.25P+0.5MPa$（P 为锅炉锅筒工作压力，单位为 MPa），无渗漏为合格。

（3）检查省煤器上下烟箱及本体烟道的绝热层有无损坏。

（4）省煤器连接管道须按设计图纸要求连接。如设计未设旁通烟道时，必须安装旁路水管，并应接到软化水箱。省煤器出口集箱的安全阀排水管，应接到安全处，并应坡向排水地点。并不得在排水管上装设阀门。

4. 钢管式空气预热器

空气预热器膨胀节的连接应牢固、紧密，且无泄漏现象，并能自由膨胀。

在温度高于 100℃ 区域内的螺栓、螺母上，应涂上二硫化钼油脂、石墨机油或石墨粉。

4.8.6 炉排安装

安装前应对全部零部件进行清点检查。墙板导轨等零部件在运输存放过程中如有变形，应在组装前调平调直。

1. 炉排组装

（1）链条炉排型钢构件及其链轮安装前应复检，如图 4-36 和图 4-37 所示。

（2）鳞片或横梁式链条炉排在拉紧状态下测量时，各链条的相对长度差不得大于 8mm。

（3）炉排片组装不宜过紧或过松；装好后用手扳动时，转动应灵活。

（4）边部炉条与墙板之间、前后轴与支架侧板之间，应有膨胀间隙。膨胀间隙应符合随机技术文件规定。

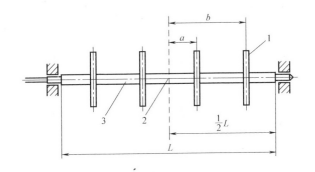

图 4-36　链轮与轴线中心点间的距离

1—链轮；2—轴线中点；3—主动轴；

a、b—各链轮中分面与轴线中点间的距离；L—轴的长度

（5）煤闸门及炉排轴承冷却装置应作通水检查，且在 0.4MPa 压力下保持 2min 无泄漏现象。

（6）加煤斗与炉墙结合处应严密，煤闸门升降应灵活，并度应符合设计要求。煤闸门下缘与炉排表面的距离偏差不应大于 5mm。

（7）挡风门、炉排风管及其法兰接合处、各段风室、落灰门等应平整，并应密封良好。挡板开启应灵活。

图 4-37　链轮的齿尖错位

Δ—同一轴上任意两链轮齿尖前后错位

（8）侧密封块与炉排的间隙应符合设计要求，且应防止炉排卡住、漏煤和漏风。

（9）挡渣铁应整齐地贴合在炉排面上，在炉排运转时不应有顶住、翻倒现象。

2. 炉排冷态试运转

炉排冷态试运转宜在筑炉前进行，并应符合下列要求：

（1）冷态试运转运行时间，链条炉排不应少于 8h；往复炉排不应少于 4h。链条炉排试运转速度不应少于两级，在由低速到高速的调整阶段，应检查传动装置的保护机构动作。

（2）炉排转动应平稳，且无异常声响、卡住、抖动和跑偏等现象。

（3）炉排片应能翻转自如，且无突起现象。

（4）滚柱转动应灵活，与链轮啮合应平稳，且无卡住现象。

（5）炉排拉紧装置应有调节余量。

4.8.7　抛煤机和燃烧器

1. 抛煤机

（1）抛煤机标高的允许偏差为±5mm。

（2）相邻两抛煤机间距的允许偏差为±3mm。

（3）抛煤机采用串联传动时，相邻两抛煤机桨叶转子轴，其同轴度的允许偏差为3mm。传动装置与第一个抛煤机的轴，其同轴度允许偏差为2mm。

2. 抛煤机的试运转

（1）空负荷运转时间不应小于2h，运转应正常，且无异常的振动和噪声。

（2）冷却水路应畅通。

（3）抛煤试验，其煤层应均匀。

3. 燃烧器

（1）燃烧器安装前的检查，应符合下列要求：

1）安装燃烧器的预留孔位置应正确，并应防止火焰直接冲刷周围的水冷壁管。

2）调风器喉口与油枪的同轴度不应大于3mm。

3）油枪、喷嘴和混合器内部应清洁，且无堵塞现象。油枪应无弯曲变形。

（2）燃烧器的安装，应符合下列要求：

1）燃烧器标高的允许偏差为±5mm。

2）各燃烧器间距的允许偏差为±3mm。

3）调风装置调节应灵活、可靠，且不应有卡、擦、碰等异常声响。

4）煤粉燃烧器的喷嘴有摆动要求时，一次风室喷嘴、煤粉管与密封板之间应有装配间隙，装配间隙应符合随机技术文件规定。

5）燃烧器与墙体接触处，应密封严密。

4.8.8 小型采暖快装锅炉安装

1. 立式锅炉安装

将锅炉运到基础旁，用吊车或手拉葫芦将锅炉吊装到基础上就位，调整锅炉坐标和标高，找正可用线坠测量锅炉四周的垂直度，锅炉全高允许偏差为 4mm。

立式锅炉一般采用钢制烟囱，烟囱应垂直安装，烟囱与锅炉间的法兰应垫石棉绳或硅酸铝纤维。烟囱上应设三根拖拉绳，用紧线器拉紧并调整烟囱的垂直度。烟囱穿过屋顶时要做防火、防水处理，烟囱较高时应装避雷针。

2. 卧式快装锅炉安装

锅炉就位常用电动卷扬机牵引，锅炉下面垫滚杠、道木，将锅炉牵引到基础上就位。条件允许时可用吊车吊装就位，然后调整锅炉的坐标和标高。且找正锅炉纵向和横向的水平度。

根据《建筑给水排水及采暖工程施工质量验收规范》GB 50242，锅炉安装时，卧式锅炉中心线垂直度在锅炉全高允许偏差 3mm，用吊线和尺量检查。

锅炉安装应测量纵向和横向的偏差。纵向偏差应有利于排污，锅壳装排污管应比锅壳底低 5～10mm 左右。锅炉厂在设计制造时有的锅壳与底座平行，安装时用垫铁将前端垫高；也有的在制造时锅炉已有倾斜，只要将底座放在水平的基础上即可，具体应按锅炉厂的图纸和安装说明书。锅炉横向应保持水平。其要求：

（1）炉排前轴应保持水平。

（2）蒸汽锅炉两侧水位表应等高。

（3）两侧集箱保持等高。

（4）用线坠吊线测锅炉两侧炉墙墙板，应垂直。当不能全部满足要求时，必须保证炉排水平。

4.8.9　锅炉水压试验

锅炉的汽、水压力系统及其附属装置安装完毕后，应进行水压试验。锅炉的主汽阀、出水阀、排污阀和给水截止阀应与锅炉本体一起进行水压试验。安全阀应单独进行试验。

带有可分式省煤器的锅炉，可将试压泵出口管接到可分式省煤器。试压时将省煤器出口至锅炉的给水管切断阀关闭，单独对省煤器按规定的试验压力作水压试验，其程序与上述相同。省煤器水压试验合格后，缓慢卸压至锅炉工作压力的 50% 左右时，缓慢开启省煤器出口至锅炉的给水管切断阀，对锅炉作水压试验。

对于快装锅炉和组装锅炉，由于有炉墙护板的遮盖，水压试验产生压降时无法判断是锅炉本体金属表面、焊缝渗漏还是阀门渗漏，一般是将一次阀门用盲板隔断，水压试验时无压降为合格。

1. 试验前的检查

（1）锅筒、集箱等受压元部件内部和表面应清理干净。

（2）水冷壁、对流管束及其他管子应畅通。

（3）受热面管上的附件应焊接完成。

（4）试压系统的压力表不应少于 2 只。额定工作压力大于或等于 2.5MPa 的锅炉，压力表的精度等级不应低于 1.6 级。额定工作压力小于 2.5MPa 的锅炉，压力表的精度等级不应低于 2.5 级。压力表应经过校验并合格，其表盘量程应为试验压力的 1.5～3 倍。

（5）应在系统的最低处装设排水管道和在系统的最高处装设放空阀。

2. 水压试验

（1）水压试验的环境温度不应低于 5℃，当环境温度低于 5℃时，应有防冻措施。

（2）水压试验用水应干净，水温应高于周围露点温度且不应高于 70℃。合金钢受压元件的水压试验，水温应高于所用钢种的韧脆转变温度。

（3）锅炉应充满水，并应在空气排尽后关闭放空阀。

（4）锅炉水压试验的试验压力，应符合表 4-17、表 4-18 的规定。

锅炉本体水压试验的试验压力（MPa）　　　　表 4-17

锅筒工作压力	试验压力
<0.8	锅筒工作压力的 1.5 倍,且不小于 0.2
0.8~1.6	锅筒工作压力加 0.4
>1.6	锅筒工作压力的 1.25 倍

注：试验压力应以上锅筒或过热器出口集箱的压力表为准。

锅炉部件水压试验的试验压力（MPa）　　　　表 4-18

部件名称	试验压力
过热器	与本体试验压力相同
再热器	再热器工作压力的 1.5 倍
铸铁省煤器	锅筒工作压力的 1.25 倍加 0.5
钢管省煤器	锅筒工作压力的 1.5 倍

（5）经初步检查应无漏水后，再缓慢升压。当升压到 0.3~0.4MPa 时应检查有无渗漏，有渗漏时应复紧人孔、手孔和法兰等的连接螺栓。

（6）压力升到额定工作压力时应暂停升压，应检查备部位，且应在无漏水或变形等异常现象时关闭就地水位计，继续升到试验压力。锅炉在试验压力下应保持 20min。保压期间压力下降不得超过 0.05MPa。

（7）试验压力应达到保持时间后回降到额定工作压力进行检

查，检查期间压力应保持不变，且应符合下列要求：

1）锅炉受压元件金属壁和焊缝上不应有水珠和水雾，胀口处不应滴水珠。

2）水压试验后应无可见残余变形。

（8）锅炉水压试验不合格时，应返修。返修后应重做水压试验。

（9）锅炉水压试验后，应及时将锅炉内的水全部放尽。立式过热器内的水不能放尽时，在冰冻期应采取防冻措施。

4.8.10　漏风试验

1. 漏风试验条件

（1）引风机、送风机经单机调试试运转应符合要求。

（2）烟道、风道及其附属设备的连接处和炉膛等处的人孔、洞、门等，应封闭严密。

（3）再循环风机应与烟道接通，其进出口风门开关应灵活，开闭指示应正确。

（4）喷嘴一、二次风门操作应灵活，开闭指示应正确。

（5）锅炉本体的炉墙、灰渣井的密封应严密，炉膛风压表应调校并符合要求。

（6）空气预热器、冷风道、烟风道等内部应清理干净、无异物，其人孔、试验孔应封闭严密。

2. 漏风试验

（1）冷热风系统的漏风试验，应符合下列要求：

1）启动送风机，应使该系统维持 30～40mm 水柱的正压，并应在送风机入口撒入白粉或烟雾剂。

2）检查系统的各缝隙、接头等处，应无白粉或烟雾泄漏。

注：冷热风系统由送风机、吸送风管道、空气预热器、一次风管、二次风管等组成。

（2）炉膛及各尾部受热面烟道、除尘器至引风机入口漏风试验，应符合下列要求：

1）启动引风机，微开引风机调节挡板，应使系统维持30～40mm水柱的负压，并应用蜡烛火焰、烟气靠近各接缝处进行检查。

2）接缝处的蜡烛火焰、烟气不应被吸偏摆。

（3）漏风试验发现的漏风缺陷，应在漏风处做好标记，并应作好记录；漏风缺陷应按下列方法处理：

1）焊缝处漏风时，用磨光机或扁铲除去缺陷后，应重新补焊。

2）法兰处漏风时，松开螺栓填塞耐火纤维毡后，应重新紧固。

3）炉门、孔处漏风时，应将接合处修磨平整，并应在密封槽内装好密封材料。

4）炉墙漏风时，应将漏风部分拆除后重新砌筑，并应按设计规定控制砖缝，应用耐火灰浆将砖缝填实，并用耐火纤维填料将膨胀缝填塞紧密。

5）钢结构处漏风时，应用耐火纤维毡等耐火密封填料填塞严密。

4.8.11 烘炉、煮炉

1. 烘炉

（1）烘炉前，应制订烘炉方案，烘炉应具备下列条件：

1）锅炉及其水处理、汽水、排污、输煤、除渣、送风、除尘、照明、循环冷却水等系统应经试运转，且符合随机技术文件的规定。

2）炉体砌筑和绝热层施工后，其炉体漏风试验应符合要求。

3）安设的烘炉所需用的热工和电气仪表均应调试，且应符合要求。

4）锅炉给水应符合现行国家标准《工业锅炉水质》GB 1576 的有关规定。

5）锅筒和集箱上的膨胀指示器，在冷状态下应调整到零位。

6) 炉墙上应设置测温点或灰浆取样点。

7) 应具有烘炉升温曲线图。

8) 管道、风道、烟道、灰道、阀门及挡板应标明介质流动方向、开启方向和开度指示。

9) 炉内、外及各通道应全部清理完毕。

10) 耐火浇注料的养护，应符合现行国家标准《工业炉砌筑工程施工及验收规范》GB 50211 的有关规定，砌体应自然干燥。

（2）烘炉可采用火焰或蒸汽。有水冷壁的各种类型的锅炉宜采用蒸汽烘炉。链条炉排烘炉的燃料，不应有铁钉等金属杂物。

（3）火焰烘炉应符合下列规定：

1) 火焰应集中在炉膛中央，烘炉初期宜采用文火烘焙，初期以后的火势应均匀，并应逐日缓慢加大。

2) 炉排在烘炉过程中应定期转动。

3) 烘炉烟气温升应在过热器后或相当位置进行测定；其温升应符合下列要求：

① 重型炉墙第一天温升不宜大于 50℃，以后温升不宜大于 20℃/d，后期烟温不应大于 220℃。

② 砖砌轻型炉墙温升不应大于 80℃/d，后期烟温不应大于 160℃。

③ 耐火浇注料炉墙温升不应大于 10℃/h，后期烟温不应大于 160℃，在最高温度范围内的持续时间不应小于 24h。

4) 当炉墙特别潮湿时，应适当减慢温升速度，并应延长烘炉时间。

（4）全耐火陶瓷纤维保温的轻型炉墙，可不进行烘炉，但其粘接剂采用热硬性粘接料时，锅炉投入运行前应按其技术文件的规定进行加热。

（5）蒸汽烘炉应符合下列规定：

1) 应采用 0.3～0.4MPa 的饱和蒸汽从水冷壁集箱的排污阀处连续、均匀地送入锅内，逐渐加热锅水。锅内水位应保持在正常位置，温度宜为 90℃，烘炉后期宜补用火焰烘炉。

2）应开启烟、风道的挡板和炉门排除湿气，并应使炉墙各部位均能烘干。

（6）烘炉时间应根据锅炉类型、砌体湿度和自然通风干燥程度确定，散装重型炉墙锅炉宜为 14～16d，整体安装的锅炉宜为 4～6d。

（7）烘炉时，应经常检查各部位的膨胀情况，当炉墙出现裂纹或变形迹象时，应减慢升温速度，查明原因后，应采取相应措施。当影响烘炉正常升温的主要设施发生故障时，应停止烘炉，并应待故障处理完后再继续烘炉。

（8）锅炉经烘炉后，应符合下列规定：

1）当采用炉墙灰浆试样法时，应在燃烧室两侧墙的中部炉排上方 1.5～2m 处，或燃烧器上方 1～1.5m 处和过热器两侧墙的中部，取黏土砖、外墙砖的丁字交叉缝处的灰浆样品各 50g 测定，其含水率应小于 2.5%。

2）当采用测温法时，应在燃烧室两侧墙的中部炉排上方 1.5～2m 处，或燃烧器上方 1～1.5m 处，测定外墙砖外表面向内 100mm 处的温度，其温度应达到 50℃，并应维持 48h；或测定过热器两侧墙黏土砖与绝热层接合处的温度，其温度应达到 100℃，并应维持 48h。

（9）烘炉过程中应测定和绘制实际升温曲线图。

2. 煮炉

（1）在烘炉末期，当外墙砖灰浆含水率降到 10% 时，或达到 50℃ 时，可进行煮炉。

（2）煮炉开始时的加药量应符合随机技术文件的规定，当无规定时，应按表 4-19 规定的配方加药。

（3）药品应溶解成溶液后再加入炉内，配制和向锅内加入药液时，应采取安全防护措施。

（4）加药时，炉水应在低水位。煮炉时，药液不得进入过热器内。

（5）煮炉时间宜为 48～72h，煮炉的最后 24h 宜使压力保持在额定工作压力的 75%，当在较低压力下煮炉时，应适当地延长煮炉时间。煮炉至取样炉水的水质变清澈时应停止煮炉。

煮炉时锅水的加药配方（kg） 表 4-19

药品名称	每立方米水的加药量	
	铁锈较薄	铁锈较厚
氢氧化钠	2～3	3～4
磷酸三钠	2～3	2～3

注：1. 药量按 100% 纯度计算。
  2. 无磷酸三钠时，可用碳酸钠代替，用量为磷酸三钠的 1.5 倍。
  3. 单独使用碳酸钠煮炉时，每立方米水中加 6kg 碳酸钠。

（6）煮炉期间，应定期从锅筒和水冷壁下集箱取水样进行水质分析，当炉水碱度低于 45mol/L 时，应补充加药。

（7）煮炉结束后，应交替进行上水和排污，并应在水质达到运行标准后停炉排水、冲洗锅筒内部和曾与药液接触过的阀门、清除锅筒及集箱内的沉积物，排污阀应无堵塞现象。

（8）锅炉经煮炉后，应符合下列要求：

1）锅筒和集箱内壁应无油垢。

2）擦去锅筒和集箱内壁的附着物后金属表面应无锈斑。

4.8.12 严密性试验和试运行

1. 严密性试验

（1）锅炉经烘炉和煮炉后应进行严密性试验，并应符合下列要求：

1）锅炉压力升至 0.3～0.4MPa 时，应对锅炉本体内的法兰、人孔、手孔和其他连接螺栓进行一次热态下的紧固。

2）锅炉压力升至额定工作压力时，各人孔、手孔、阀门、法兰和填料等处应无泄漏现象。

3）锅筒、集箱、管和支架等的热膨胀应无异常。

（2）有过热器的蒸汽锅炉，应采用蒸汽吹洗过热器；吹洗时，锅炉压力宜保持在额定工作压力的 75%，吹洗时间不应小于 15min。

（3）燃油、燃气锅炉的点火程序控制、炉膛熄火报警和保护装置应灵敏。

（4）严密性试验后，蒸汽锅炉安全阀的试验，应符合下列要求：

1）安全阀应逐个进行严密性试验。

2）蒸汽锅炉安全阀的整定压力应符合表 4-20 的规定。锅炉上必有一个安全阀按表 4-20 中较低的整定压力进行调整；对有过热器的锅炉，按较低压力进行整定的安全阀必须是过热器上的安全阀。

蒸汽锅炉安全阀的整定压力（MPa）　　　　表 4-20

额定工作压力	安全阀的整定压力
≤0.8	工作压力加 0.03
	工作压力加 0.05
>0.8～3.82	工作压力的 1.04 倍
	工作压力的 1.06 倍

注：1. 省煤器安全阀整定压力应为装设地点工作压力的 1.1 倍。
　　2. 表中的工作压力，对于脉冲式安全阀系指冲量接出地点的工作压力，其他类型的安全阀系指安全阀装设地点的工作压力。

3）蒸汽锅炉安全阀应铅垂安装，其排汽管管径应与安全阀排出口径一致，其管路应畅通，并直通至安全地点，排汽管底部应装有疏水管。省煤器的安全阀应装排水管。在排水管、排汽管和疏水管上，不得装设阀门。

4）省煤器安全阀整定压力调整，应在蒸汽严密性试验前用水压的方法进行。

5）应检验安全阀的整定压力和回座压力。

6）在整定压力下，安全阀应无泄漏和冲击现象。

7）蒸汽锅炉安全阀经调整检验合格后，应加锁或铅封。

（5）严密性试验后，热水锅炉安全阀的试验，应符合下列要求：

1）安全阀应逐个进行严密性试验。

2）热水锅炉安全阀的整定压力应符合表 4-21 的规定。锅炉上必须有一个安全阀按表 4-21 中较低的整定压力进行调整。

热水锅炉的安全阀整定压力（MPa）　　　表 4-21

安全阀的整定压力	工作压力的 1.12 倍,且不应小于工作压力加 0.07
	工作压力的 1.14 倍,且不应小于工作压力加 0.1

3）安全阀应铅垂安装，并应装设泄放管，泄放管管径应与安全阀排出口径一致。泄放管应直通安全地点，并应采取防冻措施。

4）热水锅炉安全阀检验合格后，应加锁或铅封。

2. 试运行

安全阀经最终调整后，现场组装的锅炉应带负荷正常连续试运行 48h，整体出厂的锅炉应带负荷正常连续试运行 4～24h，并作好试运行记录。

4.9　电梯安装

4.9.1　导轨安装

1. 确定导轨支架的安装位置

（1）没有导轨支架预埋铁的电梯井壁，要按照图纸要求的导轨支架间距尺寸及安装导轨支架的垂线来确定导轨支架在井壁上的位置。

（2）当图纸上没有明确规定最下一排导轨支架和最上一排导轨支架的位置时应按以下规定确定：最下一排导轨支架安装在底坑装饰地面上方 1000mm 的相应位置。最上一排道架安装在井道顶板下面不大于 500mm 的相应位置。

（3）在确定导轨支架位置的同时，还要考虑导轨连接板（接道板）与导轨支架不能相碰。错开的净距离不小于 30mm，如图 4-38 所示。

（4）若图纸没有明确规定，则以最下层导轨支架为基点，往上每隔2000mm为一排导轨支架。个别处（如遇到接道板）间距可适当放大，但不应大于2500mm。

（5）长为4m以上（包含4m）的轿厢导轨，每根至少应有两个导轨支架。3～4m长的轿厢导轨可不受此限，但导轨支架间距不得大于2m。如厂方图纸有要求则按其要求施工。

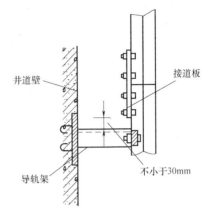

井道壁　接道板　不小于30mm　导轨架

图 4-38　导轨连接板和导轨支架安装净距

2. 安装导轨支架

安装导轨支架应根据每部电梯的设计要求及具体情况取定安装方法。安装导轨支架工艺要点：从放线架引下主导轨背面中心铅垂线，以此线为基准，按支架标高位置，用丁字尺及水平仪标出主导轨支架的位置和膨胀螺栓的打孔位置；打膨胀螺栓孔，安装膨胀螺栓和主轨支架背板，找正后将其焊接牢固；以主导轨背面中心垂线为基准，安装对正主轨支架，并焊接牢固。

（1）电梯井壁有预埋铁

1）清除预埋铁表面混凝土。若预埋铁打在混凝土井壁内，则要从混凝土中剔出。

2）按安装导轨支架垂线核查预埋铁位置，若其位置偏移，达不到安装要求，可在预埋铁上补焊铁板。铁板厚度 $\delta \geq 16$mm，长度一般不超过 300mm。当长超过 200mm 时，端部用不小于 M16 的膨胀螺栓固定于井壁。加装铁板与原预埋铁搭接长度不小于 50mm，要求三面满焊，如图 4-39 所示。

3）安装导轨支架前，要复核由样板上放下的基准线（基准线距导轨支架平面 1～3mm，两线间距一般为 80～100mm，其

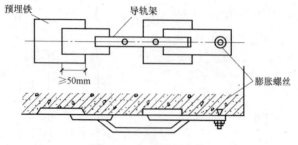

图 4-39 加长铁板安装

中一条是以导轨中心为准的基准线，另一条为安装导轨支架辅助线，如图 4-40 所示。

4）测出每个导轨支架距墙的实际高度，并按顺序编号进行加工。

5）根据导轨支架中心线及其平面辅助线，确定导轨支架位置，进行找平、找正。然后进行焊接。

6）整个导轨支架不平度应不大于 5mm。

7）为保证导轨支架平面与导轨接触面严实，支架端面垂直误差小于 1mm，如图 4-41 所示。

8）导轨支架与预埋铁接触面应严密，焊接采取内外四周满焊，焊接高度不应小于 5mm。焊肉要饱满，且不应有夹渣、咬肉、气孔等。

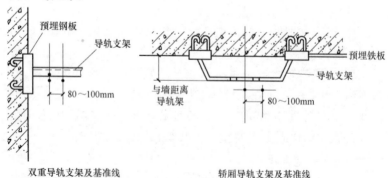

图 4-40 导架基准线

（2）用膨胀螺栓固定导轨支架

混凝土电梯井壁没有预埋铁的情况多使用膨胀螺栓直接固定导轨支架的方法。混凝土电梯井壁采用膨胀螺栓直接固定导轨支架的方法，效率高、施工方便。使用的膨胀螺栓规格要符合电梯厂图纸要求。若厂家没有要求，膨胀螺栓的规格不小于 M16mm。

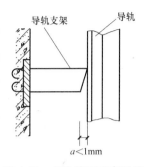

图 4-41　支架端面垂直误差

1）采用电锤打膨胀螺栓孔，膨胀螺栓孔位置要准确，要垂直于墙面，其深度一般以膨胀螺栓被固定后，护套外端面稍低于墙面为宜，如图 4-42 所示。

2）若墙面垂直误差较大，可局部剔凿，然后用垫片填实，如图 4-43 所示。

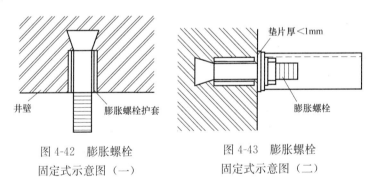

图 4-42　膨胀螺栓
固定式示意图（一）

图 4-43　膨胀螺栓
固定式示意图（二）

3）导轨支架编号加工。

4）导轨支架就位，并打正找平，将膨胀螺栓紧固。对于可调试导轨架，调节定位后，紧固螺栓，并在可调部位焊接两处，焊缝长度≥20mm，防止位移。垂直方向紧固导轨架的螺栓应六角头在下，螺帽在上，便于查看其松紧。

（3）用穿钉螺栓固定导轨支架

1）若电梯井壁较薄（墙厚＜150mm），不宜使用膨胀螺栓固定导轨支架且又没有预埋铁，可采用井壁打透眼，用穿钉固定铁板（$\delta \geqslant 16\text{mm}$）。穿钉处，井壁外侧靠墙壁要加 $100\text{mm} \times 100\text{mm} \times 12\text{mm}$ 的垫铁，以增加强度。如图 4-44 所示，将导轨支架焊接在铁板上。

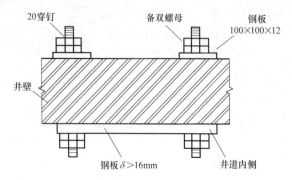

图 4-44　对穿螺栓固定式示意图

2）加工及安装导轨支架的方法和要求完全同有预埋铁的情况。

（4）砖结构井壁安装导轨支架

梯井壁是砖结构时，一般采用剔导导轨支架孔洞，用混凝土筑导轨支架的方法。

1）若电梯井壁为砖墙在对应导轨架的位置，剔一个内大口小的孔洞，其深度 $\geqslant 130\text{mm}$，如图 4-45 所示。

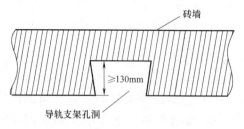

图 4-45　砖结构井壁导轨支架孔洞

2）导轨架按编号加工，支架埋设的深度 $\geqslant 120\text{mm}$，支架埋入段应做成燕尾式，长度 $\geqslant 50\text{mm}$，燕尾夹角 $\geqslant 60°$，如图 4-46 所示。

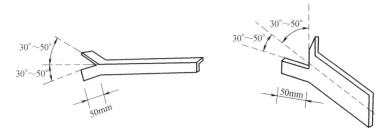

图 4-46 导架端部劈开燕尾

3）灌筑前，用水冲洗空洞内壁，冲出渣土润湿内壁。灌筑孔洞的混凝土用水泥、砂、豆石按 1∶2∶2 的比例加入适量的水搅拌均匀制成。

4）导轨架埋进洞内尺寸≥120mm，而且要找平找正，其水平度符合安装导轨的要求（水平度不应大于 1mm）。

5）导轨架稳固后，常温下需要经过 6～7d 的养护，强度达到要求后，才能安装导轨。

3. 安装导轨

（1）基准线与导轨的位置，如图 4-47 所示；若采用自升法安装，其位置关系如图 4-48 所示。

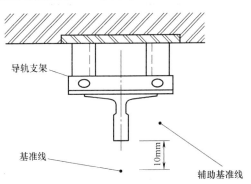

图 4-47 基准线与导轨的位置示意图

（2）从样板上放基准线至底坑（基准线距导轨端面中心 2～3mm），并进行固定，如图 4-49 所示。

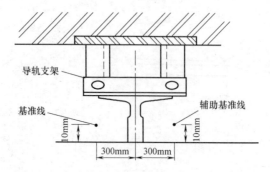

图 4-48　基准线与导轨的位置（自升法）示意图

图 4-49　导轨底坑固定

（3）底坑架设导轨槽钢基础座必须找平、垫实，其水平误差不大于 1/1000。槽钢基础座位置确定后，用混凝土将其四周灌实抹平。槽钢基础两端用来固定导轨角钢架，先用导轨基准线找正后，再进行固定，如图 4-50 所示。

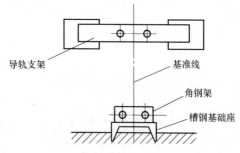

图 4-50　导轨槽钢基础座安装

　　若导轨下无槽钢基础座可在导轨下边垫一块厚度δ≥12mm，面积为 200mm × 200mm 的钢板，并与导轨用电焊点焊，如图 4-51 所示。

　　（4）事先在平整的场所

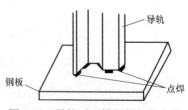

图 4-51　导轨下无槽钢的钢板安装

检查导轨，其直线度偏差不大于 1‰，且单根导轨全长直线度偏差不大于 0.7mm，不符合要求的导轨可用导轨校正器校正或由厂家更换。

主导轨安装前，应将导轨接头及导轨连接板倒去锐边后进行清洗，在每根整长导轨的凸端装上连接板。

在底坑安装主轨座，打入膨胀螺栓，调整主轨座位置后将主轨座与膨胀螺栓焊牢。主导轨基座安装，如图 4-52 所示。

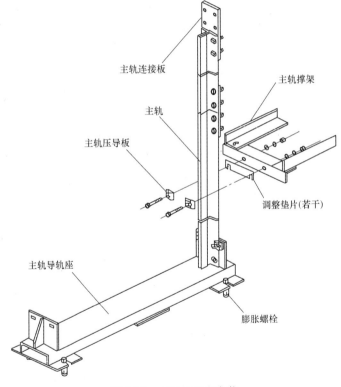

图 4-52 主导轨基座安装

（5）在顶层厅门口安装卷扬机，在井道顶层楼板下的滑轮，提升导轨。如图 4-53 所示。

楼层高时，吊装导轨时应用 U 形卡固定住导轨压板，吊钩

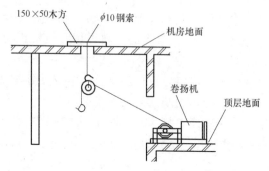

图 4-53　人力吊装导轨示意图

应采用可旋转式，以消除导轨在提升过程中的转动，如图 4-54
所示。

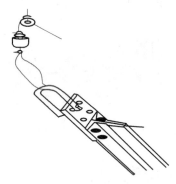

图 4-54　导轨吊装示意图

楼层低或导轨较轻且提升高度不大，可采用人力，使用直径≥16的尼龙绳代替卷扬机吊装导轨，每次只能拉一根，由下往上逐根吊装。

（6）按铅垂线将导轨由下向上逐根安装，第一段导轨装好后，第二段按凹凸楔头进行拼接，用螺栓将其与连接板紧固。

导轨安装定位后，在已装好的轿厢导轨中各选一根做基准，用初校卡板将导轨的垂直度和工作面调整到规定要求。

基准导轨也可以用双线法调整。在导轨的正面和侧面各吊挂一根铅锤线，用尺测量两面尺寸，并将导轨调整到规定的要求。

已校正定位的基准导轨，用专用找导尺调整导轨间距和导轨侧面的平行度。或用专用卡轨式找导尺来调校导轨距离和导轨侧面平行度。

（7）对用油润滑的导轨，需在立完导轨前，在其下端部地坪40～60mm 高处加一硬质底座，或将将其下端距地平 40mm 高的一段工作面部分锯掉，以留出接油盒的位置，如图 4-55 所示。

（8）安装导轨时应注意，每节导轨的凸榫头应朝上，当灰渣落在榫头上时便于清除，保证导轨接头处的油污、毛刺、尘渣均应清除干净后，才能进行导轨连接，以保证安装的精度符合规范的要求。

（9）顶层末端导轨与井道顶距离 50～100mm，将导轨截断后吊装。电梯导轨严禁焊接，不允许用气焊切割（折断面朝上）。

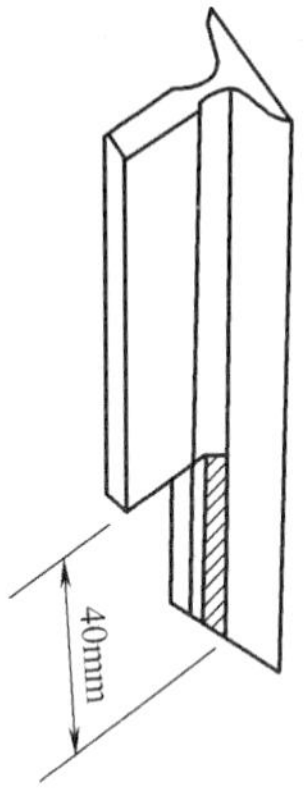

4. 调整导轨

调整导轨时，为了保证调整精度，要在导轨支架处及相邻的两导轨支架中间的导轨处设置测量点。

图 4-55 导轨下安装接油盒切割图

（1）用钢板尺检查导轨端面与基准线的间距和中心距离，如不符合要求，应调整导轨前后距离和中心距离，如图 4-56 和图 4-57 所示。然后再用找道尺进行细找。

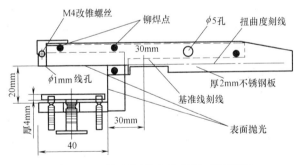

图 4-56 用钢板尺检查示意图（脚手架）

（2）用找道尺检查、找正导轨，如图 4-58 所示。导轨的扭曲、垂直度和中心位置以及导轨间距必须同时调整，使导轨达到要求。

1）扭曲调整：将找道尺端平，并使两指针尾部侧面和导轨侧

225

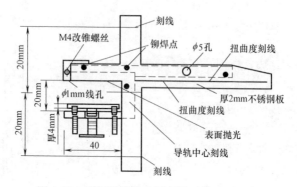

图 4-57 用钢板尺检查示意图（自升法施工）

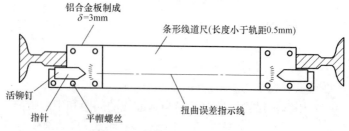

图 4-58 找道尺检查、找正导轨

工作面贴平、贴严，两端指针尖端指在同一水平线上，说明无扭曲现象。如贴不严或指针偏离相对水平线，说明有扭曲现象，则用专用垫片调整导轨支架与导轨之间的间隙（垫片不允许超过 3 片）使之符合要求。为了保证测量精度，用上述方法调整以后，将找道尺反向 180°，用同一方法再进行测量调整，直至符合要求。

2）调整导轨垂直度和中心位置：调整导轨位置，使其端面中心与基准线相对，并保持规定间隙（如规定 3mm），如图 4-59 所示。

图 4-59 导轨位置调整

3）找导轨间距 L：操作时，在找正点处将长度较导轨间距 L 小 0.5～1mm 的找道尺端平，用塞尺测量找道尺与导轨端面间隙，使其符合要求。找正点在导轨支架处及两支架中心处。两导轨端面间距 L，如图 4-60 所示，其偏差应符合表 4-22 要求。

图 4-60　导轨间距调整

两导轨端面间距的偏差要求　　　　　　表 4-22

电梯速度	2m/s 以上		2m/s 以下	
轨道用途	轿厢	对重	轿厢	对重
偏差不大于(mm)	0～+0.8	0～+1.5	0～0.8	0～1.5

（3）修正导轨接头处的工作面

1）导轨接头处，导轨工作面直线度可用 500mm 钢板尺靠在导轨工作面，用塞尺检查 a、b、c、d 处，如图 4-61 所示，应符合表 4-23 的规定（接头处对准钢板尺 250mm 处）。

导轨直线度允许偏差（mm）　　　　　　表 4-23

导轨连接处	a	b	c	d
不大于	0.15	0.06	0.15	0.06

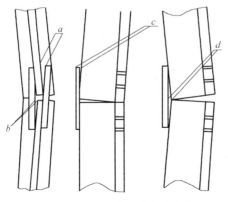

图 4-61　导轨工作面直线度检查

2）导轨接头处的全长不应有连续缝隙，局部缝隙不大于
0.5mm，如图 4-62 所示。

3）两导轨的侧工作面和端面接头处的台阶应不大于
0.05mm。对台阶应沿斜面用专用刨刀刨平，修磨长度≥200mm
（2.5m/s 以下）；修磨长度≥300mm（2.5m/s 以上），如图 4-63
所示。

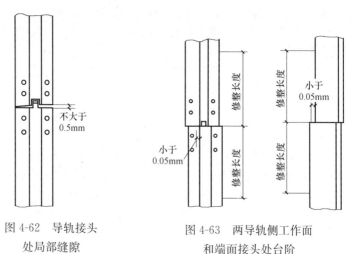

图 4-62　导轨接头
处局部缝隙

图 4-63　两导轨侧工作面
和端面接头处台阶

4.9.2　轿厢

1. 安装底梁

（1）将底梁放在架设好的木方或工字钢上。调整安全钳钳口
（老虎嘴）与导轨面间隙，如图 4-64 所示，如电梯厂图纸有具体

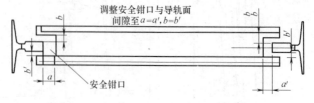

图 4-64　安全钳口和轨道面间隙调整示意图

规定尺寸，要按图纸要求，同时调整底梁的水平度，使其横、纵向不水平度均≤1‰。

安全钳的定位固定可以放在单井字形脚手架上进行，也可采用钳块动作锁紧在导轨上来进行；安装安全钳楔块，楔齿距导轨侧工作面的距离调整到3～4mm（安装说明书有规定者按规定执行），且4个楔块距导轨侧工作面间隙应一致，然后用厚垫片塞于导轨侧面与楔块之间，使其固定，同时把老虎嘴和导轨端面用木楔塞紧。安全钳楔块面与导轨侧面间隙应为2～3mm，各间隙相互差值不大于0.5mm（如厂家有要求时，应按要求进行）。如图4-65所示。

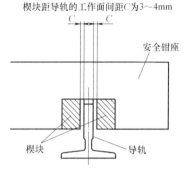

图 4-65　安装安全钳楔块示意图

2. 安装立柱

将立柱与底梁连接，连接后应使立柱垂直，其垂直度在整个高度上≤1.5mm，不得有扭曲，若达不到要求则用垫片进行调整。

立柱的垂直度，立柱的上下端之间垂直度误差，前后方向和左右方向都应≤1.5mm。

3. 安装上梁

（1）用捯链将上梁吊起与立柱相连接，顺序安装所有的连接螺栓，但不要拧死。

（2）调整上梁的横、纵向不水平度，使水平度偏差≤0.5‰，同时再次校正立柱使其垂直度偏差不大于1.5mm。装配后的轿厢不应有扭曲应力存在，最后紧固所有的连接螺栓。

（3）由于上梁有绳轮，因此要调整绳轮与上梁间隙（$a=b=c=d$），其相互尺寸误差≤1mm，绳轮自身垂直度偏差≤0.5mm，如图4-66所示。

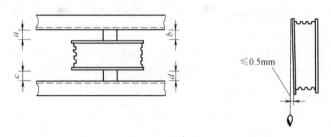

图 4-66　绳轮垂直度调整

4. 装轿厢底盘

（1）用捯链将轿厢底盘吊起，然后放于相应位置。将轿车厢底盘与立柱、底梁用螺丝连接但不要把螺丝拧紧。装上斜拉杆，并进行调整，使轿底盘平面的水平度≤3‰，然后将斜拉杆用双母拧紧，把各连接螺丝紧固，如图 4-67 所示。

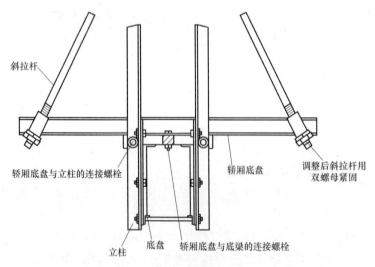

图 4-67　安装轿厢底盘示意图

（2）若轿底为活动结构时，先按上述要求将轿厢底盘托架安装调好，且将减震器安装在轿厢底盘托架上。

用捯链将轿厢底盘吊起，缓缓就位。使减震器上的螺丝逐个插入轿底盘相应的螺丝孔中，然后调整轿底盘的水平度。使其水平度≤3‰。若达不到要求则在减震器的部位加垫片进行调整。

最后调整轿底定位螺丝，使其在电梯满载时与轿底保持1～2mm的间隙，如图4-68所示。调整完毕，将各连接螺丝拧紧。

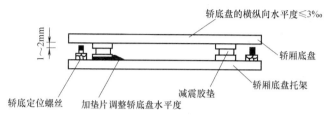

图4-68 轿厢底盘减震器安装调整示意图

（3）安装调整安全钳拉杆。拉起安全钳拉杆，使安全钳楔块轻轻接触导轨时，限位螺栓应略有间隙，以保证电梯正常运行时，安全钳楔块与导轨不致相互摩擦或误动作。同时，进行模拟动作试验，保证左右安全钳拉杆动作同步，其动作应灵活无阻。符合要求后，拉杆顶部用双螺母紧固。

5. 安装导靴

（1）安装导靴前，应先按制造厂要求检查导靴型号及使用范围。安装前，须复核标准导靴间距。要求上、下导靴中心与安全钳中心3点在同一条垂线上。不能有歪斜、偏扭现象。

（2）固定式导靴要调整其间隙一致，则内衬与导轨两侧工作面间隙各为0.5～1mm，与导轨顶面间隙两侧之和为1～2.5mm，与导轨顶面间隙偏差<3mm。

（3）弹簧式导靴根据随电梯的额定载重量调整 b 尺寸，如表4-24和图4-69

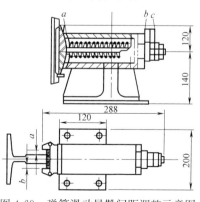

图4-69 弹簧滑动导靴间距调整示意图

所示，使内部弹簧受力相同，保持轿厢平衡，调整 $a=b=2\text{mm}$。

b 尺寸的调整   表 4-24

电梯额定载重量 (kg)	b(mm)	电梯额定载重量 (kg)	b(mm)
400	42	1500	25
750	34	2000~2500	23
1000	30	—	—

（4）滚轮导靴安装平正，两侧滚轮对导轨压紧后，两轮压簧力量应相同，压缩尺寸按制造厂规定调整。若厂家无明确规定，则根据使用情况调整，各滚轮的限位螺栓，使侧面方向两滚轮的水平移动量为 1mm，顶面滚轮水平移动量为 2mm，导轨顶面与滚轮外圆间保持间隙＜1mm，各滚轮轮缘与导轨工作面保持相互平行无歪斜，要求正面滚轮应与导轨端面压紧，轮中心对准导轨中心，如图 4-70 所示。

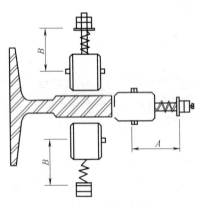

图 4-70 滚轮导靴间距调整示意图

（5）轿厢组装完成后，松开导靴（尤其是滚轮导靴），调整轿厢底的补偿块，使轿厢静平衡符合设计要求，然后再回装导靴。

6. 安装轿壁、轿顶、撞弓

（1）安装前对撞弓进行检查，如有扭曲、弯曲现象应调整。撞弓采用加弹簧垫圈的螺栓固定。要求撞弓垂直度偏差不大于 1‰，相对铅垂线最大偏差不大于 3mm（撞弓的斜面除外）。

（2）先将轿顶组装好用绳索悬挂在轿厢架上梁下方，作临时固定。待轿壁全部安装好后再将轿顶放下，并按设计要求与轿厢壁定位固定。

拼装轿壁可根据井道内轿厢四周的净空尺寸情况，预先在层门口将单块轿壁逐扇安装，也可根据情况将轿壁组装成几大块拼在一起后再安装。首先安放轿壁与井道间隙最小的一侧，并用螺栓与轿厢底盘初步固定，再依次安装其他各侧轿壁。待轿壁全部安装完后，紧固轿壁板间及轿底间的固定螺栓，同时将各轿壁板间的嵌条和轿顶接触的上平面整平。

轿壁底座和轿厢底盘的连接及轿壁与底座之间的连接要紧密。各连接螺栓要加弹簧垫圈，以防因电梯振动而使连接螺栓松动。若因轿厢底盘局部不平而使轿壁底座下有缝隙时，应在缝隙处加调整垫片垫实。

（3）轿壁安装后将轿顶放下。但要注意轿顶和轿壁穿好连接螺栓后不要紧固，应在调整轿壁垂直度偏差不大于 1‰ 的情况下逐个将螺栓紧固。安装完后接缝应紧密，间隙一致，嵌条整齐，轿厢内壁应平整一致，各部位螺栓垫圈必须齐全，紧固牢靠。

7. 安装门机、轿门

（1）将定位螺栓与轿厢架连接，安装门机架拉条螺栓，调整门机架的水平度，紧固全部螺栓。

门机用螺栓与门机架紧固，门机的安装应按照厂家要求进行，并应做到位置正确，运转正常，底座牢固，且运转时无颤动、异响及刮蹭。门机与轿厢装好后，调整门的联动机构，使其达到产品的技术要求。

（2）轿门安装与层门安装方法相同。

（3）安全触板安装后要进行调整，使之垂直。层门全部打开后安全触板端面和轿门端面应在同一垂直平面上，如图 4-71 所示。安全触板的动作应灵活，功能可靠。

（4）在轿门扇和开关门机构安装调整完毕，安装开门刀。开门刀端面和侧面的垂直偏差全长均不大于 0.5mm，并且达到厂家规定的其他要求。

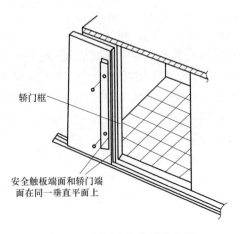

轿门框

安全触板端面和轿门端
面在同一垂直平面上

图 4-71 轿门安装位置示意图

8. 安装轿内、顶装置

（1）为便于检修和维护，应在轿顶安装轿顶检修盒。检修盒上或近旁的停止开关的操作装置应是红色非自动复位的，并标以"停止"字样加以识别。电源插座应选用 2P＋PE250V 型，以供维修时插接电动工具使用。轿顶的检修控制装置应易于接近并设有无意操作的防护。若无安装图则根据便于安装和维修的原则进行布置。以便于检修人员安全、可靠、方便地检修电梯。

（2）按厂家安装图安装轿顶平层感应器、到站钟、接线盒、线槽、电线管、安全保护开关等。

（3）安装、调整开门机构和传动机构，使门在启闭过程中有合理的速度变化，而又能在起止端不发生冲击，并符合厂家的有关设计要求。若厂家无明确规定则按其传动灵活、功能可靠的原则进行调整。

（4）轿顶护栏的安装，当距轿顶外侧边缘水平方向有超过300mm 的自由距离时，轿顶应架设护栏。并且满足以下要求：

1）护栏应由扶手、100mm 高的护脚板和位于护栏高度一半的中间护栏组成。

2）自由距离不大于 850mm 时，护栏高度不小于 700mm；

自由距离大于 850mm 时，护栏高度不小于 1100mm。

3）护栏装设在距轿顶边缘最大为 150mm 之内。并且其扶手外缘和井道中的任何部件之间的水平距离不应小于 100mm。

4）护栏上应有关于俯伏或斜靠护栏危险的警示符号或须知。

（5）安装轿厢其他附属装置，轿厢及厅门的所有标志、须知及操作说明应清晰易懂（必要时借助符号或信号），并采用不能撕毁的耐用材料制成，安装在明显位置。轿厢内的扶手、装饰镜、灯具、风扇、应急灯等应按照厂家图纸要求准确安装，确认牢固有效。

9. 安装、调整超载满载开关、安装护脚板

调整满载开关，应在轿厢达到额定载重量时可靠动作。调整超载开关，应在轿厢的额定载重量 110% 时可靠动作。如果采用其他形式的称重装置，则应按厂家要求进行安装、调整，达到功能可靠，动作灵活。

每一轿厢地坎均须装设护脚板，护脚板为 1.5mm 厚的钢板，其宽度等于相应层站入口净宽，护脚板垂直部分的高度不小于 750mm，并向下延伸一个斜面，与水平面夹角应大于 60°，该斜面在水平上的投影深度不得小于 20mm。

护脚板的安装应垂直、平整、光滑、牢固。必要时增加固定支撑，以保证在电梯运行时不抖动，防止与其他部件摩擦撞击。

4.9.3 对重（平衡重）

1. 对重（平衡重）框架吊装就位

（1）在对重导轨中心处的底坑地面上，架设一个撑垫，其高度为底坑平面至对重架下端，并保持缓冲越程位置时的距离；在对重导轨中心，距底坑地面 5～6m 高度处，悬挂一个手拉葫芦；将对重架从第一层入口处用手拉葫芦吊入井道内木撑垫上，装上导靴和适量的对重铁；安装对重用的支撑和吊具，支撑和吊具应待曳引绳将轿厢对重悬挂在曳引轮上时方可拆除。

（2）将对重（平衡重）框架运到操作平台上，用钢丝绳扣将对重（平衡重）绳头板和手拉葫芦的吊钩连在一起。

（3）操作手拉葫芦，缓缓对重（平衡重）框架吊起到预定高度，对于一侧装有弹簧式或固定式导靴的对重（平衡重）框架。移动对重（平衡重）框架，使其导靴与该侧导轨吻合并保持接触，然后轻轻放松手拉葫芦，使对重（平衡重）架平稳牢固地安放在事先支好的木方上，未装导靴的对重（平衡重）框架固定在木方上时，应使框架两侧面与导轨端面距离相等。

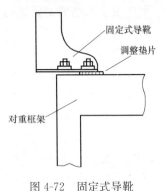

图 4-72　固定式导靴
端面间隙调整

2. 对重（平衡重）导靴的安装、调整

（1）固定式导靴安装时要保证内衬与导轨端面间隙上、下一致，若达不到要求要用垫片进行调整，如图 4-72 所示。

（2）在安装弹簧式导靴前，应将导靴调整螺母紧到最大限度，使导靴和导靴架之间没有间隙，这样便于安装，如图 4-73 所示。

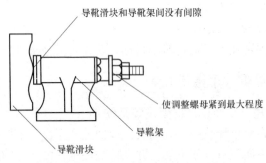

图 4-73　弹簧式导靴安装

（3）若导靴滑块内衬上、下与轨道端面间隙不一致，则在导靴座和对重（平衡重）框架间用垫片进行调整，调整方法同固定式导靴。

（4）滚轮式导靴安装要平整，两侧滚轮对导轨压紧后两滚轮的压簧量应相等，压缩尺寸应按制造厂规定。如无规定则根据使用情况调整压力适中，正面滚轮应与道面压紧，轮中心对准导轨中心，如图 4-74 所示。

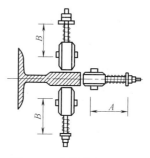

图 4-74　滚筒式导靴安装

（5）导靴安装调整后，所有螺栓应紧牢。

3. 对重（平衡重）块的安装及固定

（1）装入相应数量的对重（平衡重）块。对重（平衡重）块数应根据下列公式求出：

$$装入的对重(平衡重)块数=[轿厢自重+额定荷重×(0.4～0.5)-对重(平衡重)架重]/单块重量$$

（2）放置对重具体数量应在做完平衡载荷实验后确定。按厂家设计要求装上对重（平衡重）块防震装置，并拧紧螺母，防止对重块在电梯运行时发出撞击声。待安装好钢丝绳并与轿厢连接好后，撤下支撑方木。图 4-75 为挡板式防震装置。

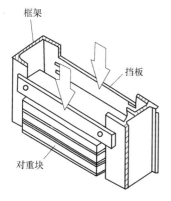

图 4-75　对重挡板式防震装置

（3）如果有滑轮固定在对重装置上，应设置防护罩，以避免伤害作业人员，又可预防钢丝绳松弛时脱离绳槽、绳与绳槽之间落入杂物。这些装置的结构应不妨碍对滑轮的检查和维护。在采用链条的情况下，亦要有类似的装置。对重如设有安全钳，应在对重装置未进入井道前，将有关安全钳及有关部件装好。

4.9.4 层门安装

1. 安装地坎

（1）按要求使用样板放两根厅门安装基准线，在各厅门地坎上表面和内侧立面上划出净门口宽度线及厅门中心线，确定地坎、牛腿及牛腿支架的安装位置。

（2）若地坎牛腿为混凝土结构，应在混凝土牛腿上打入两条支撑模板用钢筋，用钢管套住向上弯曲约90°，在钢筋上放置相应长度的模板，用清水冲洗干净牛腿，将地脚爪装在地坎上，然后用细石混凝土浇筑（水泥强度等级不小于 42.5 级，水泥、砂子、石子的容积比是 1∶2∶2），如图 4-76 所示。

稳放地坎前要用水平尺找平（注意开关门和进出电梯轿厢两个方向的地坎水平度），同时三条画线分别对正三条线基准线，并找好地坎与基准线的距离。厅门地坎水平度误差≤2‰，地坎稳好后应高于完工装修地面 2～5mm，若是混凝土地面应按 1∶50 坡度与地坎平面抹平，浇筑的混凝土达到设计或技术文件要求的强度后可拆除模板。

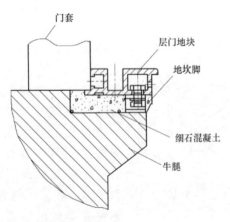

图 4-76　层门地坎安装示意图

（3）若厅门无混凝土牛腿，应在预埋铁件上焊支架安装牛腿来稳放地坎。

（4）额定载重在 1000kg 及以下的各类电梯，若厅门无混凝土牛腿又无预埋铁件，可采用 M14 以上的膨胀螺栓固定牛腿支架，稳装地坎。

2. 安装门套、门立柱、门上坎

（1）按照门套加强板的位置在厅门口两侧混凝土墙上钻 $\phi10$ 的孔（砖墙钻 $\phi8$ 的孔），将 $\phi10mm \times 100mm$ 的钢筋打入墙中，剩 30mm 留在墙外。

（2）在平整的地方组装好门套横梁和门套立柱，垂直放置在地坎上，确认左、右门套立柱与地坎的出入口画线重合，找好与地坎槽距离，使之符合图纸要求，然后拧紧门套立柱与地坎之间的紧固螺栓。

（3）将左右厅门立柱、门上坎用螺栓组装成框架，立到地坎上（或立到地坎支撑型钢上），立柱下端与地坎（或支撑型钢）固定，门套与门头临时固定，确定门上坎支架的安装位置，然后用膨胀螺栓或焊接的方式将门上坎支架固定在井道墙壁上。

（4）用螺栓固定门上坎和门上坎支架，按要求调整门套、门立柱、门上坎的水平度、垂直度和相应位置。用门口样线校正门套立柱的垂直度，然后将门套与门上坎之间的连接螺栓紧固，用 $\phi10mm \times 200mm$ 钢筋与打入墙中的钢筋和门套加强板进行焊接固定，每侧门套分上、中、下均匀焊接三根钢筋，考虑到焊接时可能会产生变形，因此要按要求将钢筋变成弓形后再焊接，不让焊接变形直接影响门套。

（5）门套框架安装时水平度误差＜1‰。门套直框架安装时垂直度误差应＜1‰。施工方法：用钢筋与墙内部的钢筋（或地脚螺栓）和门套的装配支撑件进行焊接固定。

3. 安装厅门扇、调整厅门

将门吊板上的偏心轮调到最大值，然后将门吊轮挂到门导轨上，调小偏心轮与导轨间的距离，防止门吊板坠落。

将门地脚滑块装在门扇上，在门扇和地坎间垫 6mm 厚的支撑物，将门地脚滑块放入地坎槽内，门吊轮和门扇之间用专用垫片进行调整，保证门缝尺寸和门扇垂直度符合要求，然后将门吊轮与门扇的连接螺栓紧固；厅门导轨及吊门滚轮按电梯制造厂技术要求调整，将偏心轮调到与滑道间距小于 0.5mm，撤掉门扇和地坎间所垫之物，门滑行试验，应运行轻快、平稳。

4. 厅门门锁、副门锁、强迫关门装置及紧急开锁装置安装

（1）调整厅门锁和副门锁开关，使其达到：只有当两扇门或多扇门关闭达到有关要求后才能使门锁电触点和副门锁开关接通，一般应使副门锁开关先接通，厅门门锁电触点再接通。

（2）层门锁钩必须动作灵活，在证实锁紧的电气安全装置动作之前，锁紧元件的最小啮合长度为 7mm。

（3）在门扇装完后，安装强迫关门装置，层门强迫关门装置必须动作可靠，使厅门具有自闭能力，被打开的厅门在无外力作用时，厅门应能自动关闭。采用重锤式的厅门自闭装置，重锤导管或滑道的下端应有封闭措施。关门时无撞击声，接触良好。

（4）厅门手动紧急开锁装置应灵活可靠，门开启后三角锁应能自动复位。每层层门必须能够用三角钥匙正常开启；当一个层门或轿门（在多扇门中任何一扇门）非正常打开时，电梯严禁启动或继续运行。

4.9.5 驱动主机等机房设备安装

1. 安装承重钢梁

（1）机房对驱动主机承重梁的支撑应符合土建专业要求，承重梁安装时应校核土建预埋件的位置和尺寸。

（2）钢梁安装前要刷防锈漆（交工前再刷一道）。

（3）根据样板架和曳引机安装图画出承重梁位置

（4）安装曳引机承重钢梁，承重梁的两端插入墙内的尺寸应 ≥75mm，并且应超过墙厚中心 20mm，如图 4-77 所示。承重梁安装找平找正后，用电焊将承重梁和垫铁焊牢。承重梁在墙内的一端及在地面上裸露的一端用混凝土灌实抹平。

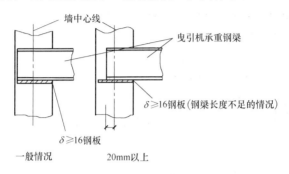

图 4-77　承重梁埋入承重墙内示意图

（5）如果机房高度较高，条件允许，且机房楼板为承重型楼板，应尽量采取此种方法。钢梁安装在混凝土台上时，混凝土台内必须按设计要求加钢筋，且钢筋通过地脚螺丝和楼板相连生根，与钢梁接触面加垫 $\delta \geqslant 16$mm 的钢板，如图4-78所示。

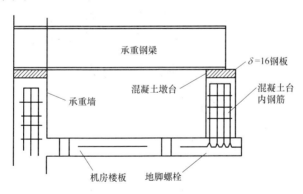

图 4-78　钢梁安装在混凝土台上构造

（6）由于某种原因，现场打混凝土台确有困难，可以采用型钢架起钢梁的方法，如图 4-79 所示。

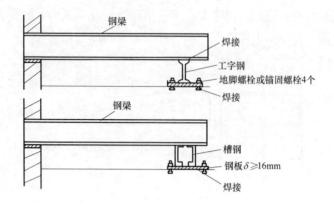

图 4-79　钢梁安装在型钢上构造

（7）如因型钢高度与垫起高度不相适应或垫起高度不适宜采用型钢时，可以在现场做金属构架架设钢梁，如图 4-80 所示。

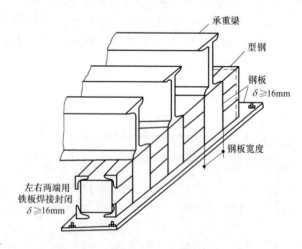

图 4-80　钢梁安装在金属构架上构造

2. 安装曳引机及导向轮

（1）曳引机及导向轮的安装位置误差：有导向轮时，如图 4-81 所示；无导向轮时，如图 4-82 所示。

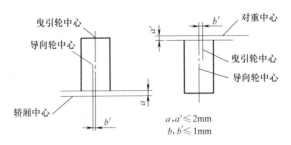

图 4-81　曳引机及导向轮的安装示意图

（2）按厂家要求在驱动主机承重梁上依次布置安装减振胶，减振胶垫需严格按规定找平垫实。

（3）单绕式曳引机、导向轮位置的确定

在机房上方沿对重中心和轿厢中心拉一水平线。在这根线上的 A、B 两点对着样板上的轿厢中心和对重中心分别吊下两根垂线。并在 A' 点吊下另一垂线（AA' 距离为曳引轮直径）。

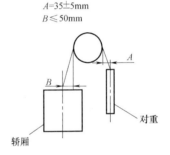

图 4-82　无导向轮曳引机安装示意图

将曳引机就位并移动，使垂线 AR 及 $A'Q$ 与曳引轮两边绳槽中心 C 点及 C' 点相切，如图 4-83 所示，则曳引机位置确定，并固定。

将导向轮就位，使垂线 BP 与导向轮外边绳槽中心 D 点相切，并保持不变，同时在导向轮另一边中心点 D（相切处）吊一垂线 $D'S$，转动导向轮，使此垂线垂在对重中心及轿厢中心连线上，则导向轮位置确定，并加以固定。

（4）复绕式曳引机和导向轮安装位置的确定：

1）首先确定曳引轮和导向轮的拉力作用中心点。需根据引向轿厢或对重的绳槽而定，如图 4-84 中引向轿厢的绳槽 2、4、6、8、10，因曳引轮的作用中心点是在这五槽的中心位置，即第

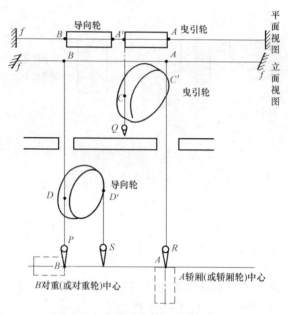

图 4-83　曳引机与导向轮位置确定

6 槽的中心 A' 点。导向轮的作用中心点是 1、3、5、7、9 槽中心位置，即第 5 槽的中心点 B'。

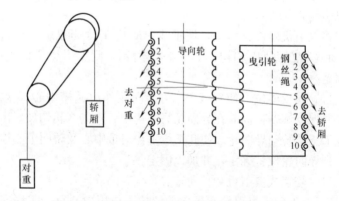

图 4-84　复绕曳引机和导向轮的安装位置示意图

2）若导向轮及曳引机已由制造厂家组装在同一底座上时，

确定安装位置极为方便，只要移动底座使曳引轮作用中心点 A' 吊下的垂线对准轿厢（或轿轮）中心点 A，导向轮作用中心点 B' 吊下的垂线对准对重（或对重轮）中心点 B，这项工作即已完成。然后将底座固定（注：这种情况在电梯出厂时，轿厢与对重中心距已完全确定，放线时应与图纸尺寸核对）。

3）若曳引机与导向轮需在工地安装成套时，曳引机与导向轮的安装定位需要同时进行（如分别定位则非常困难）。

方法如下：当曳引机及导向轮上位后，使由曳引轮作用中心点 A' 吊下的垂线对准轿厢（或轿轮）中心点 A，使由导向轮作用中心点 B' 吊下的垂线对准对重（或对重轮）中心点 B，并且始终保持不变，然后水平转动曳引机及导向轮，使两个轮平行，且相距 $1/2S$，如图 4-85 所示，并进行固定。

4）若曳引轮与导向轮的宽度及外形尺寸完全一样时，此项工作也可以通过找两轮的侧面延长线进行，如图 4-86 所示。

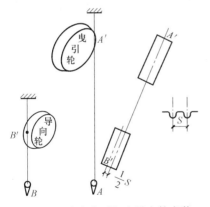

图 4-85 成套曳引机和导向轮安装

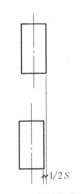

图 4-86 曳引机和导向轮外形尺寸相同时安装

3. 安装限速器

（1）在限速器涨紧轮的下面用木方支撑。

（2）在机房将钢丝绳绕过限速器轮，放入底坑。

（3）将放入底坑的钢丝绳的一端绕过涨紧轮连接在吊架上，

绕过涨紧轮的钢丝绳末端用铁丝进行处理后用 U 形螺栓固定在连接板上。

（4）确定钢丝绳的切断位置，作出标记，从标记处向下 210mm 的位置用钢丝绳捆绑，再从此处向下 10mm 处用铁丝捆绑，然后在两个捆绑之间切断钢丝绳。

（5）将切断的钢丝绳连接在吊板上并用 U 形螺栓固定。

（6）限速器钢丝绳安装后，拆除涨紧轮下面的木板，将限速器连接部引到轿厢并安装在吊板上。

4.9.6 井道机械设备安装

1. 安装缓冲器底座

先检查缓冲器底座与缓冲器是否配套，并进行试组装。无问题时，方可将缓冲器底座安装在导轨底座上。

对于没有导轨底座的电梯，宜采用加工、增装导轨底座。如采用混凝土底座，则必须保证不破坏井道底的防水层，避免渗水后患、且需采取措施，使混凝土底座与井道底连成一体。

2. 安装缓冲器

（1）轿厢导轨和对重导轨安装校正后方可安装缓冲器。

（2）安装缓冲器时先找出导轨中心线，在中心线上分别吊垂线，垂线距离导轨的尺寸根据井道布置的要求确定。

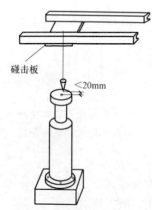

碰击板

<20mm

图 4-87　缓冲器安装

（3）对未设底坑槽钢的缓冲器，应安装在混凝土基础上，混凝土基础的高度视底坑深度和缓冲器的高度而定。

（4）调整缓冲器的中心对准轿厢架或对重架的碰击板中心，其误差不大于 20mm。同一基础上安装两个缓冲器时其高度允许误差不大于 2mm，如图 4-87 所示。

（5）用水平尺测量缓冲器顶面，要求其水平误差＜2‰，如图 4-88 所示。

（6）如作用轿厢（或对重）的缓冲器由两个组成一套时，两个缓冲器顶面应在一个水平面上，相差不应大于 2mm，如图 4-89所示。

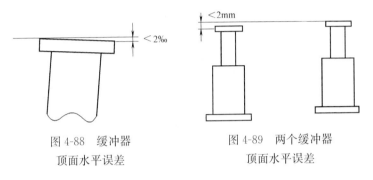

图 4-88　缓冲器
顶面水平误差

图 4-89　两个缓冲器
顶面水平误差

3. 安装选层器下钢带轮、挂钢带

（1）将下钢带轮固定支架安装在轿厢轨道上，要求下钢带轮重坨架下面距底坑地面 450±50mm，如图 4-90 所示。

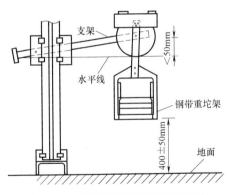

图 4-90　下钢带轮重坨架至地面距离

（2）下钢带轮轴向位置的调整方法：在轿厢固定钢带点的中心位置吊一线坠，调整下钢带轮轴向位置，使其最大误差为 2mm，如图 4-91 所示。

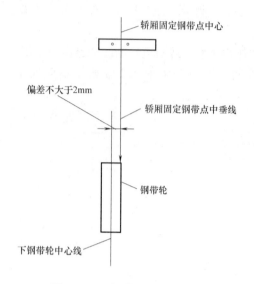

图 4-91　下钢带轮轴位置调整

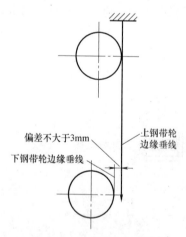

图 4-92　下钢带轮垂直度调整

径向位置调整：用线坠检测上、下钢带轮边缘应在同一垂线上。最大偏差不大于 3mm，如图 4-92 所示。

（3）在机房缓慢地往井道放钢带（要注意钢带不能扭折或打弯），使钢带通过下钢带轮后轿厢上的钢带固定卡固定后，再放另一侧钢带与轿厢固定卡进行固定。钢带固定后应使固定于井底导轨上的钢带轮支架，向上倾斜。

4. 安装限速绳张紧装置及限速绳

（1）安装限速绳张紧装置，其底部距底坑地平面距离可根据表 4-25 确定。

张紧装置底部距底坑地平面距离 表 4-25

电梯速度(m/s)	2～3	1～1.75	0.5～1
距底坑尺寸(mm)	750±50	550±50	400±50

（2）根据轿厢中心垂线的允许偏差要求及安装图尺寸将张紧轮上位。由轿厢拉杆下绳头中心向其对应的张紧轮绳槽中心点 a 吊一垂线 A，如图 4-93 所示，机房限速器至轿厢拉杆上绳头中心点的垂直度校定，已于限速器安装时完成。

同时由限速器绳槽中心向张紧轮另一端绳槽中心 b 吊垂线 B，调整张紧轮位置，使垂线 A 与其对应 15mm，则张紧装置位置确定。

（3）直接把限速绳挂在限速轮和张紧轮上进行测量，根据所需长度断绳，做绳头。做绳头的方法与主钢绳绳头相同，然后将绳头与轿厢拉杆板固定，如图 4-93 所示。

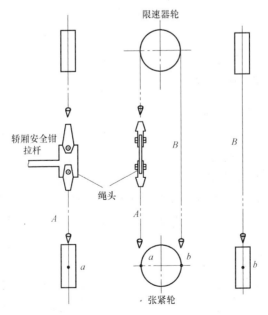

图 4-93　轿厢中心垂线调整

限速器钢丝绳与安全钳连杆连接时，应用三只钢丝绳卡夹紧，绳卡的压板应置于钢丝绳受力的一边。每个绳卡间距应大于 $6d$（d 为限速器绳直径），限速器绳短头端应用镀锌钢丝加以扎结。

5. 安装曳引绳补偿装置

（1）补偿绳端固定应当可靠。

（2）应当使用电气安全装置来检查补偿绳的最小张紧位置。

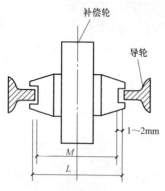

图 4-94　补偿绳补偿装置安装

（3）当电梯的额定速度大于 3.5m/s 时，还应当设置补偿绳防跳装置，该装置动作时应当有一个电气安全装置使电梯驱动主机停止运行。

（4）若电梯用补偿绳来补偿时，除按施工图施工外，还应注意使补偿轮的导靴与补偿轮导轨之间间隙为 $1\sim2$mm，如图 4-94 所示。

4.9.7　钢丝绳安装

1. 确定钢丝绳长度

钢丝绳的长度按轿厢位于顶层位置，对重位于底层缓冲器顶面时，按不同的梯速所规定的最大缓冲距离确定。

绳头板应采用螺栓与承重梁紧固。测量钢丝绳长度时，可用直径 2mm 的铅丝或皮尺在井道中作实际测量，测量时应加入绳头组合螺栓与绳头板之间的距离，按测量的实际尺寸截取曳引绳。

2. 放、断取钢丝绳

截取钢丝绳前，应在地面上预拉伸钢丝绳以消除内应力，然后用汽油将绳擦洗干净，并检查有无打结，扭曲，松股等现象。为避免绳股松散，可用 2mm 铅丝按 250mm 间距分三段扎紧，每段铅丝扎紧的长度为20mm；然后用钢丝绳断绳器或钢凿、砂轮切割机等工具切断钢丝绳。

3. 做钢丝绳绳头

钢丝绳端接装置通常有三种类型：锥套型、自锁楔型、绳夹。常用锥套型施工方法介绍如下：

（1）在做绳头、挂绳之前，应将钢丝绳放开，使之自由悬垂于井道内，消除内应力。

（2）挂绳顺序：单绕式电梯挂绳前，一般先做好轿厢侧绳头并固定好，之后将钢丝绳的另一头绕过驱动轮送至对重侧，按照计算好的长度断绳。断绳后在次底层制作对重侧绳头，再将绳头固定在对重头板上，两端要连接牢靠。复绕式电梯，要先挂绳后做绳头，或先做好一侧的绳头，待挂好钢丝绳后再做另一侧的绳头。

（3）将钢丝绳断开后穿入锥体，将剁口处绑扎铅丝拆去，松开绳股，除去麻芯，用煤油将绳股清洗干净，按要求将绳股或钢丝向绳中心折弯（俗称编花），折弯长度应不小于钢丝绳直径的2.5倍。将弯好的绳股用力拉入锥套内，将浇口处用棉布或水泥袋纸包扎好，下口用石棉绳或棉丝扎实。

（4）绳头浇筑前应将绳头锥套内部油质杂物清洗干净，而后采取缓慢加热的办法使锥套温度达到50～100℃，再进行浇筑。

（5）巴氏合金浇筑温度270～400℃为宜，巴氏合金采取间接加热熔化，温度可用热电偶测量或当放入水泥袋纸立即焦黑但不燃烧为宜。浇筑前清除液态巴氏合金表面杂质，浇筑必须一次完成，浇筑作业时应轻击绳头，使巴氏合金灌实。

4. 钢丝绳调整

钢丝绳悬挂应先悬挂曳引机轮至轿厢一端并固定牢固，后挂对重一端，装好弹簧、垫圈后连接牢靠。

钢丝绳挂好后，用手拉葫芦提起轿厢，撤掉托轿厢的木梁，将轿厢缓慢放下，使钢丝绳全部受力，待安装基本结束调试整机性能时，检测各绳张力，调节曳引绳头组合螺母，使每一根绳张力不超过平均值的 5%，检测在对重端钢丝绳 2/3 高度处进行。

4.9.8 整机运行调试

1. 曳引电机空载试运转

（1）将电梯曳引绳从曳引轮上摘下，恢复电气动作试验时摘除的电机及抱闸线路。

（2）单独给抱闸线圈送电，检查闸瓦间隙、弹簧力度、动作灵活程度胶磁铁行程是否符合要求，有无不正常震动及声响，并进行必要的调整，使其符合要求，同时检查线圈温度，应小于 60℃。

（3）摘去曳引机联轴器的连接螺栓，使电机可单独进行转动。

（4）用手盘动电机使其旋转，如无卡阻及声响正常时，启动电机使之慢速运行，检查各部件运行情况及电机轴承温升情况。若有问题，随时停车处理。如运行正常，试运行 5min 后改为快速运行，并对各部运行及温度情况继续进行检查，轴承温度的要求为：滑动轴不超过 75℃，滚动轴承不应超过 85℃。若是直流电梯，应检查直流电机电刷。接触是否良好，位置是否正确，并观察电机转向应与运行方向一致。如情况正常，则 30min 后试运行结束。试车时，要对电机空载电流进行测量，应符合要求。

（5）连接好联轴器、手动盘车，检查曳引机旋转情况，如情况正常，将曳引机盘根压盖松开，启动曳引机，使其慢速运行，检查各部运行情况。注意盘根处，应有油出现，曳引机的油温度不得超过 80℃，轴承温度要求同上，如无异常 5min 后改为快速运行，并继续对曳引机及其他部位进行检查。情况正常时，半小时后试运转结束。在试运转的同时逐渐压紧盘根压盖，使其松紧适中，以每分钟 3～4 滴油为宜（调整压盖时，应注意盖与轴的周围间隙应一致）。试车中对电流进行检测。

2. 慢速负荷试车

将钢丝绳复位。在轿厢盘车或慢行的同时，对梯井内各部位

252

进行检查，主要有：开门刀与各层门地坎间隙；各层门锁轮与轿厢地坎间隙；平层器与各层铁板间隙；限位开关、越程开关等与碰铁之间位置关系；轿厢上、下坎两侧端点与井壁间隙；轿厢与中线盒间隙；随线、选层器钢带、限速器钢丝绳等与井道各部件距离。

对以上各项的安装位置、间隙、机械动作要进行检查，对不符合要求的应及时进行调整。同时在机房内对选层器上各电气接点位置进行检查调整。使其符合要求。慢车运行正常，层门关好，门锁可靠，方可快车行驶。

3. 快速负荷试车

开慢车将轿厢停于中间楼层，轿内不载人，按照操作要求，在机房控制屏处手动模拟开车。先单层，后多层，上下往返数次（暂不到上、下端站）。如无问题，试车人员进入轿厢，进行实际操作。试车中对电梯的信号系统、控制系数、驱动系统进行测试、调整，使之全部正常，对电梯的起动、加速、换速、制动、平层及强迫缓速开头、限位开关、极限开头、安全开关等的位置进行精确的调整，应动作准确、安全、可靠。外呼按钮、指令按钮均起作用，同时试车人员在机房内对曳引装置、电机（及其电流）、抱闸等进行进一步检查。各项规定试测合格，电梯各项性能符合要求，则电梯快速试验即告结束。

4. 自动门的调整

对于动力驱动的自动门，在轿厢控制盘上应设有一装置，能使在轿内操纵盘上按开门或关门按钮，门电机应转动，且方向应与开关门方向一致。若不一致，应调换门电机极性或相序。调整门杠杆，应使门关好后，其两臂所成角度小于 $180°$，以便必要时，人能在轿厢内将门扒开；调整开、关门减速及限位开关，使轿厢门启闭平稳而无撞击声，并测试关门阻力（如有该装置时）；在轿顶用手盘门，调整控制门速行程开关的位置；如采用 VVVF 控制器，在变频器的面板上操作，输入该门系统参数，最后进行自学习。自学习成功后，门机工作正常；通电进行开门、关门试验，调整门机控制系统使开关门的速度符合要求；开门时间一般调整在 2.5~4s 左右；关门时间一般调整在 3~5s 左右；安全触板及光幕保护装置应功能可靠。

4.9.9 电梯试验运行

1. 安全装置检查试验

（1）过负荷及短路保护

1）电源主开关应具有切断电梯正常使用情况下最大电流的能力，其电流整定值、熔体规格应符合负荷要求，开关的零部件应完整无损伤；开关的接线应正确可靠，位置标高及编号标志应符合规范要求。

2）在机房中，每台电梯应单独装设主电源开关而且应当加锁，在断开位置能有效锁住。电源主开关采用加锁型号，只能断开，闭合复位时必须有钥匙才能复位，防止误动作。该开关不应切断轿厢照明、通风、机房照明、电源插座（机房、轿顶、地坑）、井道照明、报警装置等供电电路。

（2）相序保护装置

相序与断相保护：每台电梯应当具有断相、错相保护功能；电梯运行与相序无关时，可以不装设错相保护装置。

（3）曳引电动机过电流及短路保护装置：

一般电动机绕组埋设了热敏元件，以检测温升。当温升大于规定值即切断电梯的控制电路，使其停止运行；当温度下降至规定值以下时，则自动接通控制电路，电梯又可启动运行。

（4）方向接触器及开关门继电器机械连锁保护应灵活可靠。

（5）强迫缓速装置：开关的安装位置应按电梯的额定速度、减速时间及制停距离而定，具体安装位置应按制造厂的安装说明书及规范要求而确定。试验时置电梯于端站的前一层站，使端站的正常平层减速失去作用，当电梯快车运行，撞弓接触开关碰轮时，电梯应减速运行到端站平层停靠。

（6）安全（急停）开关

1）电梯应在机房、轿内、轿顶及底坑设置使电梯立即停止的安全开关。

2）安全开关应是双稳态的，需手动复位，无意的动作不应使电梯恢复服务。

3）该开关在轿顶或底坑中，距检修人员进入位置不应超过1m，开关上或近旁应标出"停止"字样。

4）如电梯为无司机运行时，轿内的安全开关应能防止乘客操作。

（7）厅门与轿厢连锁试验

厅门与轿门的试验必须符合下列规定：

1）在正常运行或轿厢未停止在开锁区域内时，厅门应不能打开。

2）如果一个厅门或轿门（在多扇门中任何一扇门）打开，电梯应不能正常启动或继续正常运行。

（8）紧急电动运行装置及救援措施

1）电梯的紧急操作装置：电梯因突然停电或发生故障而停止运行，若轿厢停在层距较大的两层之间或镦底冲顶时，乘客将被困在轿厢中。为救援乘客，电梯均设有紧急操作装置，可使轿厢慢速移动，从而达到救援被困乘客的目的。该装置在现场应有详细的使用说明。

2）紧急操作装置有两种，一种是针对曳引式有减速器的电梯或者移动装有额定载重量的轿厢所需的操作力不大于400N时，采用的人工手动紧急操作装置，即盘车手轮与制动器扳手；另一种是针对无减速器的电梯或者移动装有额定载重量的轿厢所需的操作力大于400N时，采用的紧急电动运行的电气操作装置。

3）紧急电动运行开关及操作按钮应设置在易于直接观察到曳引机的地点。

4）该开关本身或通过另一个电气安全装置可以使限速器、安全钳、缓冲器、终端限位开关的电气安全装置失效，轿厢移动速度不应超过 0.63m/s。如用紧急操作装置，制动器松闸开关应能在蓄电池状态有效打开。

5）该装置不应使层门锁的电气安全保护失效。

2. 载荷试验

（1）按相应验收规范进行静载、空载、满载、超载试验；运行验必须达到下列要求：

1）电梯启动、运行和停止，轿厢内无较大的震动和冲击，制动器可靠。

2）超载试验必须达到下列要求：

① 电梯能安全启动、运行和停止。

② 曳引机工作正常。

（2）满载超载保护：当轿厢内载有以上的额定载荷时，满载开关应动作，此时电梯顺向载梯功能取消。当轿内载荷大于额定载荷时，超载开关动作，操纵盘上超载灯亮铃响，且不能关门，电梯不能启动运行。

（3）运行试验：轿厢分别以空载、50%额定载荷和额定载荷三个工况，并在通电持续率 40%情况下，到达全行程范围，按 120 次/h，每天不少于 8h，往复升降各 1000 次。电梯在启动、运行和停止时，轿厢应无剧烈振动和冲击，制动可靠；制动器线圈、减速机油的温升均不应超过 60℃，且最高温度不应超过 85℃；电动机温升不超过《交流电梯电动机通用技术条件》GB 12974 的规定。

（4）超载试验：轿厢加入 110%额定载荷，断开超载保护电路，通电持续率 40%情况下，到达全行程范围。往复运行 30 次，电梯应能可靠地启动、运行和停止，制动可靠，曳引机工作正常。

3. 试验

（1）轿厢上行超速保护装置试验：轿厢上行超速保护装置的型式不同，其动作试验方法亦各不相同。应按照电梯整机制造单位规定的方法进行试验。

试验内容与要求：当轿厢空载以检修速度上行时，人为使超速保护装置的速度监控部件动作，模拟轿厢上行速度失控现象，此时轿厢上行超速保护装置应当动作，使轿厢制停或者至少使其速度降低至对重缓冲器的设计范围；该装置动作时，应当使一个电气安全装置动作。

轿厢上行超速保护装置由两个部分构成：速度监控元件和减速元件。速度监控元件通常为限速器（限速器也有多种类型）；减速元件也有多种类型。常见的轿厢上行超速保护装置有：

① 限速器—上行安全钳。

② 限速器—钢丝绳制动器（也称夹绳器）。

③ 限速器—对重安全钳。

④ 限速器—曳引轮制动器（常见的有同步无齿轮曳引机制动器）。

（2）缓冲器试验：

缓冲器在现场安装后，应进行交付使用前的检验和试验。

1）蓄能型弹簧缓冲器仅适用于额定速度小于 1m/s 的电梯。蓄能型弹簧缓冲器，可按下列方法进行试验：将载有额定载荷的轿厢放置在底坑中缓冲器上，钢丝绳放松，检查弹簧的压缩变形是否符合规定的变形特性要求。

2）耗能型液压缓冲器可适于各种速度的电梯。对耗能型缓冲器需作如下几方面的检验和试验：

① 检查液压缓冲器的底座是否紧固，油位是否在规定的范围内，柱塞是否清洁无污。

② 将限位开关、极限开关短接，以检修速度下降空载轿厢，将缓冲器压缩，观察电气安全装置动作情况。

③ 将限位开关、极限开关和相关的电气安全装置短接，以检修速度下降空载轿厢，将缓冲器完全压缩，检查从轿厢开始离开缓冲器一瞬间起，直到缓冲器回复到原状的情况。缓冲器动作后，回复至其正常伸长位置电梯才能正常运行；缓冲器完全复位的最大时间限度为 120s。

（3）轿厢限速器安全钳联动试验：

瞬时式安全钳在轿厢装有均匀分布的额定载荷、渐进式安全钳试验在轿厢装有均匀分布的125％额定载荷，在机房内以检修速度下行、人为使限速器动作时限速绳应被卡住，安全钳拉杆被提起、安全钳开关和楔块动作、安全回路断开，曳引机停止运行。短接限速器、安全钳电气开关，在机房以慢车下行，此时轿厢应停于导轨上，曳引绳应在绳槽内打滑后立即停车。检查轿底相对原位置倾斜度应不超过5％。在机房开慢车上行使轿厢上升，限速器与安全钳复位，拆除短接线，人为恢复限速器、安全钳电气开关，电梯正常开慢车。检查导轨受损情况并及时修复，判断安全钳楔块与导轨间距是否符合要求。试验的目的是检查安装调整是否正确，以及轿厢组装、导轨与建筑物连接的牢固程度。当安全钳可调节时，整定封记应完好，且无拆动痕迹。

（4）对重（平衡重）限速器—安全钳联动试验：短接限速器和安全钳的电气安全装置，轿厢空载以检修速度向上运行，人为动作限速器，观察对重制停情况。

（5）平衡系数测试：

1）轿厢以空载和额定载重的25％、40％、50％、75％、110％六个工况做上、下运行，当轿厢对重运行到同一水平位置时，分别记录电机定子的端电压、电流和转速三个参数。

2）利用上述测量值分别绘制上、下行电流—负荷曲线或速度（电压）—负荷曲线，以上、下运行曲线的交点所对应的负荷百分数即为电梯的平衡系数。

3）如平衡系数偏大或偏小，将对重的重量相应增加或减少，重新测试直至合格。

（6）空载曳引力试验：将上限位开关、极限开关和缓冲器柱塞复位开关短接，已检修速度将空载轿厢提升，当对重压在缓冲器上后，继续使曳引机按上行方向旋转，观察是否出现曳引轮与曳引绳产生相对滑动现象，或者曳引机停止旋转。

（7）消防返回功能试验：

如果电梯设有消防返回功能，应当符合以下要求：

1）消防开关应当设在基站或者撤离层，防护玻璃应当完好，并且标有"消防"字样。

2）消防功能启动后，电梯不响应外呼或内选信号，轿厢直接返回指定撤离层，开门待命。

（8）额定速度试验：当电源为额定频率，电动机施以额定电压，轿厢加入 50％额定载荷，向下运行至行程中部的速度不应超过额定速度的 92％～105％，符合《电梯监督检验和定期检验规则——曳引与强制驱动电梯》TSGT 7001—2009 要求。

（9）上行制动试验：轿厢空载以正常运行速度上行至行程上部时，断开主开关，检查轿厢制停和变形损坏情况。

（10）下行制动试验：轿厢装载 1.25 倍额定载重量，以正常运行速度下行至行程下部，切断电动机与制动器供电，曳引机应当停止运转，轿厢应当完全停止，并且无明显变形和损坏。

（11）工况噪声检验：

运行中轿厢内噪声测试：运行中轿厢内噪声对额定速度小于等于 4m/s 的电梯，不应大于 55dB（A）；对额定速度大于 4m/s 的电梯，不应大于 60dB（A）（不含风机噪声）。开关门过程噪声测试：开关门过程噪声，乘客电梯和病床电梯的开关门过程噪声不应大于 65dB（A）。

机房噪声测试：对额定速度小于等于 4m/s 的电梯，不应大于 80dB（A）；对额定速度大于 4m/s 的电梯，不应大于 85dB（A）。背景噪声应比所测对象噪声至少低 10dB（A）。如不能满足规定要求应修正，测试噪声值即为实测噪声值减去修正值。

（12）启动加速度、制动减速度和 A95 加速度、A95 减速度：

试验方法：试验开始前，应按照《电梯乘运质量测量》GB/T 24474—2009 中 6.1 的要求做好实验前的准备工作，加速度传感器应按照《电梯乘运质量测量》GB/T 24474—2009 中 6.2 的要求定位在轿厢地板中央半径为 100mm 的圆形范围内，在整个试验过程中传感器和轿厢地板始终保持稳定的接触，传感器的敏感方向应与轿厢地板垂直。

试验时轿厢内应不超过 2 人，如果测量期间有 2 人在轿厢内，他们不宜站在造成轿厢明显不平衡的位置。在测量过程中，每个人都应保持静止和安静。为防止任何轿厢地板表面的局部变形而影响测量，任何人都不能把脚放在距离传感器 150mm 的范围内。

（13）静态曳引试验：对于轿厢面积超过相应规定的载货电梯，以轿厢实际面积所对应的 1.25 倍额定载重量进行静态曳引试验，对于轿厢面积超过相应规定的非商用汽车电梯，以 1.5 倍额定载重量做静态曳引试验。

将轿厢停在底层平层位置，平稳加入 125%～150%额定载荷做静载检查，历时 10min，检查各承重构件应无损害，曳引机制动可靠无打滑现象。

（14）空载曳引力试验：将上限位开关、极限开关和缓冲器柱塞复位开关短接，以检修速度将空载轿厢提升；当对重压在缓冲器上后，继续使曳引机按上行方向旋转，观察是否出现曳引轮与曳引绳产生相对滑动现象，或者曳引机停止旋转。

（15）轿厢平层准确度测试：在空载和额定载荷的工况下分别测试，一般以达到额定速度的最小间隔层站为间距做向上、向下运行，测量全部层站。电梯平层准确度：交流双速电梯，应在 ±30mm 的范围内；其他调速方式的电梯，应在 ±15mm 的范围内。

参 考 文 献

[1] 建筑施工手册（第五版）编写组. 建筑施工手册（第五版）. 北京：中国建筑工业出版社，2011.

[2] 建筑施工手册（第四版）编写组. 建筑施工手册（第四版）. 北京：中国建筑工业出版社，2003.

[3] 建设部人事教育司组织编写. 工程安装钳工. 北京：中国建筑工业出版社，2002.

[4] 安装教材编写组. 安装钳工工艺学. 北京：中国建筑工业出版社，1982.

[5] 熊海涛. 钳工实习. 武汉：华中科技大学出版社，2003.

[6] 索军利. 电梯设备施工技术手册. 北京：中国建筑工业出版社，20011.

[7] 中国建筑工程总公司. 电梯工程施工工艺标准. 北京：中国建筑工业出版社，2003.

[8] 规范编制组. 《锅炉安装工程施工及验收规范》实施指南. 北京：中国建筑工业出版社，2011.

[9] 刘庆山. 锅炉与压力容器安装工程. 北京：中国建筑工业出版社，2006.

[10] 刘弘睿主编. 工业锅炉技术标准规范应用大全. 北京：中国建筑工业出版社，2003.

[11] 孔庆华，刘传绍. 极限配合与测量技术基础. 上海：同济大学出版社，2002.

[12] 劳动部培训司. 钳工工艺. 北京：劳动人事出版社，1998.